支撑 21 世纪海洋研究：
海洋观测网建设

[美]海洋学研究海底观测网实施委员会
[美]海洋研究委员会
[美]地球和生命研究部   编
[美]美国国家科学院国家研究委员会

张　磊　李茂林　李庆红　张晓丽　译

海洋出版社

2022 年·北京

图书在版编目（CIP）数据

支撑 21 世纪海洋研究：海洋观测网建设／海洋学研究海底观测网
实施委员会等编；张磊等译. — 北京：海洋出版社，2022.10
书名原文：ENABLING OCEAN RESEARCH IN THE 21ST CENTURY：
IMPLEMENTATION OF A NETWORK OF OCEAN OBSERVATORIES

ISBN 978-7-5210-0858-6

Ⅰ.①支…　Ⅱ.①海…②张…　Ⅲ.①海洋监测–研究　Ⅳ.①P715

中国版本图书馆 CIP 数据核字（2021）第 246799 号

图字：01-2022-5601

This is a translation of *Enabling Ocean Research in the 21st Century*：*Implementation of a Network of Ocean Observatories*，National Research Council；Division on Earth and Life Studies；Ocean Studies Board；Committee on the Implementation of a Seafloor Observatory Network for Oceanographic Research © 2003 National Academy of Sciences. First published in English by the National Academies Press. All rights reserved.

责任编辑：高朝君
责任印制：安　淼

海洋出版社 出版发行

http://www.oceanpress.com.cn

北京市海淀区大慧寺路 8 号　邮编：100081

鸿博昊天科技有限公司印刷

2022 年 10 月第 1 版　2022 年 11 月北京第 1 次印刷

开本：787 mm×1092 mm　1/16　印张：12.5

字数：221 千字　定价：128.00 元

发行部：010-62100090　邮购部：010-62100072

总编室：010-62100034　编辑室：010-62100038

海洋版图书印、装错误可随时退换

海洋学研究海底观测网实施委员会

成 员

罗伯特·S. 德特里克（主席），马萨诸塞州伍兹霍尔海洋研究所

亚瑟·B. 巴格罗尔，剑桥麻省理工学院

爱德华·F. 德龙，加利福尼亚州莫斯兰丁蒙特利湾海洋研究所

弗雷德·K. 丁内比尔，檀香山夏威夷大学

安·E. 加吉特，弗吉尼亚州诺福克欧道明大学

罗斯·希思，西雅图华盛顿大学

杰森·J. 海恩，帕萨迪纳加州理工学院喷气推进实验研究室

托马斯·C. 约翰逊，明尼苏达州大学

德卢斯·德鲁·米歇尔，得克萨斯州休斯敦华商国际海洋能源科技控股有限公司

焦安· 欧尔特曼–谢衣，华盛顿贝尔维尤西北研究咨询公司

耶利·亚利康，法国海洋研究所

奥斯卡·M.E. 斯科菲尔德，新泽西州纽布伦斯维克罗格斯大学

罗伯特·A. 韦勒，马萨诸塞州伍兹霍尔海洋研究所

项目人员

乔安妮·宾茨，研究总监

南希·卡普托，高级项目助理

海洋研究委员会

成 员

南希·拉巴莱（主席），路易斯安那大学海事协会，乔文分校

亚瑟·巴格罗尔，剑桥麻省理工学院

詹姆斯·科尔曼，路易斯安那州立大学巴吞鲁日分校

拉里·克劳德，北卡罗来纳州博福特杜克大学

理查德·B. 德里索，加州拉霍亚美洲热带金枪鱼研究委员会

罗伯特·B. 迪顿，卡城得克萨斯农工大学

厄尔·多伊尔，得克萨斯壳牌石油公司（已退休）

罗伯特·杜斯，卡城得克萨斯农工大学

万丹·保罗·G. 加夫-Ⅱ，新泽西州西朗布兰奇蒙茅斯大学

韦恩·R. 吉尔，马萨诸塞州伍兹霍尔海洋研究所

斯坦利·R. 哈特，马萨诸塞州伍兹霍尔海洋研究所

米利安·卡斯特纳，加利福尼亚拉霍亚斯克里普斯海洋研究所

拉尔夫·S. 刘易斯，哈德莱姆康涅狄格州地质研究所

威廉·F. 马库森-Ⅲ，密西西比州维克斯堡美国陆军工程公司（已退休）

小朱利安·P. 麦克里，檀香山夏威夷大学

杰奎琳·米歇尔，南卡罗来纳哥伦比亚研究规划公司

斯科特·尼克松，纳拉甘塞特罗德岛大学

雪莉·庞波尼，佛罗里达州皮尔斯堡海洋研究所海港分部

福瑞德·N. 施皮斯，圣迭戈加利福尼亚大学

乔恩·G. 斯欧提恩，金斯敦市罗德岛大学

南希·塔吉特，刘易斯市特拉华大学

项目人员

摩根·戈帕尼克，总监

詹妮弗·梅里尔，高级项目负责人

苏珊·罗伯茨，高级项目负责人

丹·沃克，高级项目负责人

乔安娜·宾茨，项目负责人

特里·谢弗，项目负责人

罗宾·莫里斯，财务负责人

约翰·丹德尔斯基，研究员

施雷尔·史密斯，行政助理

南希·卡普托，高级项目助理

莎拉·卡波特，项目助理

拜伦·梅森，项目助理

前　言

在海洋科学领域，新技术必然导致新的发现和基础知识的根本进步。例如，在第二次世界大战之后的几年里，第一次由海洋研究船对海底进行全球范围的测绘和取样，直接导致了海底扩张的发现和板块构造理论的发展，从而使地球结构和演化的观念发生了革命性的变化。十年后，首次使用深海拖船和载人潜水器对大洋中脊进行勘探，发现大洋深处有一个巨大的、在很大程度上未经探索的微生物生物圈——深海热液喷口群落，这些群落具有以前未知的生命形式。在过去的 20 年里，海洋物理学家、化学家、生物学家和地质学家使用了各种工具，从仪器浮标到深海钻探，重新建立了他们对海洋在控制天气和长期气候变化中的作用的认识。

随着科学界开始在海洋中建立全球性的长期观测系统，以便了解海洋系统从几秒到几十年或更长时间尺度上的时间变化，海洋科学即将取得重大技术突破。这一机会来自一些新兴技术能力的融合，包括：

·电信技术（例如卫星、海底光缆），使对海岸实时遥测大量数据以及对深海最偏远地区的仪器进行实时交互控制成为可能；

·电信电缆，使高效电力能够控制从海面到深海海底的仪器；

·能够对物理、化学和生物过程进行现场测量的新型传感器；

·计算和建模能力，以建立更真实、多学科和预测性的海洋现象模型；

·数据存档系统，能够存储、操作和检索传感器阵列中的大量数据；

·能够将实时数据带到个人计算机桌面的计算机网络，大大增强研究人员、学生、教育工作者和公众对海洋研究和发现的参与。

美国国家研究委员会海洋学研究海底观测网实施委员会（附录 A）负责处理与执行国家科学基金会海洋观测网计划有关的若干问题。海洋观测网包括近海、区域和全球观测站，以促进对海洋物理、化学、生物和地质过程的基础研究。本报告的目的是评估海洋科学界在科学和技术上是否准备好着手建立一个以研究为

1

目的驱动的海洋观测网，并强调为成功实施这一观测系统必须解决的未决问题。这些问题包括海洋观测站系统的科学规划和技术发展状况，可能影响观测站建造和安装时间的因素，观测站维护和运行的费用以及后勤需求，观测站对传感器开发和数据管理的需求，海洋观测站对美国学术界可利用的船舶和深潜设施的影响，以及研究性观测站在综合和持续海洋观测系统和其他国际海洋观测系统中的作用，这些观测系统主要是为业务目的而开发和实施的。委员会一致认为，评估海洋研究观测站的科学价值、进行详细的系统工程设计研究或制订全面的执行计划和费用分析，都不在本研究的范围之内。

美国国家研究委员会包括来自学术界和工业界的代表，他们在广泛的海洋科学领域，以及数据管理、商业船舶、遥控航行器操作等方面具有专长。本报告以美国国家研究委员会一份题为"照亮隐藏的星球：海底观测科学的未来"（*Illuminating the Hidden Planet：The Future of Seafloor Observatory Science*）的报告为基础，概述了一系列基本的科学问题，对这些问题的研究将受益于长期固定的海洋观测站。在得出结论和建议时，美国国家研究委员会还审议了关于未来海洋科学研究优先事项的各种报告、海洋观测网规划文件、最近几次研讨会的建议以及海洋研究界的投入。在 2002 年 10 月的第一次会议上，美国国家研究委员会举行了为期一天的公开信息收集会议，介绍了海洋科学界领导人最近举办的研讨会和观测网规划工作。在 2002 年 12 月第二次会议的第一天，美国国家研究委员会再次举行了一次公开会议，结果对海洋观测网感兴趣或具有专门知识的各类人员出席并参加了会议。

本报告明确指出，为了建立一个研究驱动的海洋观测网，必然面临许多重大的技术、后勤和组织挑战。然而，美国国家研究委员会乐观地认为，这些挑战是可以应对的，海洋观测网倡议提供的基础设施将开创海洋研究和发现的新时代，促进今后几十年海洋基础知识的重大进展。美国国家研究委员会希望这份报告能够成为确保海洋研究观测站的巨大潜力得以实现应用的第一步。

罗伯特·S. 德特里克

海洋学研究海底观测网实施委员会主席

目　　录

0 概 要

海洋对人类社会的发展越来越重要，人们越来越有必要了解海洋在时间和空间尺度上的自然、人为变化。在这种需求的驱使下，地球和海洋科学家抛弃了传统的远征式调查模式，开始在海洋和海底进行持续性现场观测。海洋观测系统将使人们对海洋的研究过程在时间尺度上从几秒到持续几十年，在空间尺度上从几毫米到几千米，并为解决气候变化、自然灾害、沿海和公海生物及非生物资源的健康和生存能力等重大科学和社会性问题提供科学依据。

美国国家研究委员会（NRC）最近发表了一份题为"照亮隐藏的星球：海底观测科学的未来"（National Research Council，2000）的报告，强调有必要对在海洋设立永久固定的观测网络进行基础研究，以解决广泛的基础性科学问题。海底观测网络将基于电缆或系泊浮标，为位于海面、水体和海底或海底以下的各种传感器提供动力、双向数据通信和仪器控制。NRC 在报告中的结论是：

- **海底观测网络为推进海洋基础研究提供了一种有前途的，甚至在某些情况下是必不可少的新方法（National Research Council，2000）。**

为了向美国海洋科学研究团体提供在海洋中进行长期观测所需的基础设施，美国国家科学基金会（NSF）海洋科学部制订了海洋观测计划（OOI）。OOI 是过去十年来美国和国际海洋研究领域科学规划的结果，部分基于计算机、机器人、通信和传感器技术的快速发展。按照目前的设想，OOI 将包括三个主要部分：①全球深海系泊浮标网络；②区域型有缆观测系统；③近海观测扩展性网络。OOI 还包括项目管理、数据传输和存档、教育和公众参与等，这些对海洋观测科学的长远发展起到至关重要的作用。美国国家科学基金会的国家科学委员会已经批准了 OOI 项目的未来国家科学基金会预算请求，为其配备主要研究设备并资助其设施建设项目。OOI 支持的、以研究为重点的观测系统将与拟议的综合及持续海洋观测系统（IOOS）联网，并成为该系统的一个组成部分。IOOS 是一个以业务为重点的系统（与天气预报系统的意义相同），并得到了多数美国机构的支持。对于旨在改进天气预报和气候预测的全球海洋观测系统（GOOS）而言，IOOS 是一项重大贡献。

根据 OOI 提出的观测网络，将为 IOOS 和海洋研究界提供新的尖端能力。而且，对于在以前由于缺乏能够在恶劣环境中运行的系统而没有被调查的关键站点而言，OOI 将能够收集其时间序列数据。此外，OOI 还将为海底和水体上的仪器阵列提供以前无法想象的功率和数据带宽。这些固定的观测网络将结合 IOOS 的其他要素，并可运用现有的时间序列取样方法进行研究，扩大海洋和海底的监测面积。

0.1　研究范畴

在 2002 年春天，美国国家科学基金会要求美国国家研究委员会解决与实施海底观测网有关的问题，以便开展多学科海洋研究。美国国家科学基金会还特别要求国家研究委员会：

● 为网络的设计、建设、管理、运行和维护提供建议，包括对科学监督和规划、分阶段实施、数据管理、教育和推广活动的需要；

● 评估海洋观测网对大学–国家海洋实验室系统（UNOLS）海洋研究船队、现有潜水设施和遥控潜水器（ROV）和自治式潜水器（AUV）设施的影响；

● 评估国家科学基金会以研究为基础的观测网在 IOOS 中的潜在作用，以及其他主要为业务目的而开展和实施的国际努力。

NRC 海洋学研究海底观测网实施委员会（附录 A）于 2002 年 8 月获授权执行这项任务。在汇总调查结果和建议时，NRC 计划审议关于未来海洋科学研究优先事项的报告、海洋观测网规划文件、最近几次研讨会的建议以及海洋研究界的投入情况。

0.2　关键课题

建立海洋研究观测网是海洋研究界的一项重大的长期性投资。至关重要的是，这种投资是明智的，这些设施支持最高质量的科学研究、最具创新性的教育和公众参与项目。为了成功地建立海洋研究观测网，我们必须解决一些关键问题。

● 评估科学规划的准备情况，以便最大限度地利用研究观测网促进对地球和海洋演变过程的基本了解；

● 发展和测试新的观测能力，以便进行到目前为止由于技术挑战而没有得到解决的、具有高优先度的研究；

- 协调 OOI 与国际上其他研究驱动型海洋观测项目、业务型观测系统的关系；
- 评估观测网络的建造及安装费用；
- 评估先进观测能力所带来的国家安全问题；
- 确定对新传感器和仪器的需求及其校准和支持；
- 建立监督观测网络建造、安装及运作的管理架构；
- 确定影响观测网络建造和安装时间的因素；
- 评估观测网络维修及运维的成本和后勤需要；
- 评估观测网络对美国学术界可用船舶和深潜设备的影响；
- 评估业界在观测网络设计、发展、制造、安装及运作方面的角色；
- 建立数据管理、分发、归档和安全的方法和协议；
- 决定如何有效利用海洋观测网，通过教育和公众参与项目提高人们对海洋重要性的认识。

0.3 调查结果和建议

以下调查结果和建议基于对上述问题的详细审议而列出。在本报告中，特别是在第 7 章，更详细地讨论了这些调查结果和建议（缩略语列表及词汇表可参考附录 B）。

0.3.1 研究驱动型海洋观测网的作用

美国国家科学基金会的海洋观测计划将促进跨海洋科学的广泛研究，是建立全球海洋观测系统的一部分。海洋观测网将提供收集用于评估全球海洋问题（例如气候变化，海洋在全球碳循环、板块运动和地球深部结构以及区域问题中的作用等）的长期时间序列数据的基础设施。

调查发现：

- 利用计算机、机器人、通信和传感器技术的快速发展，美国国家科学基金会的 OOI 将为 21 世纪海洋研究的新时代提供基础设施支撑。

- 为了解决重要的社会问题，如气候变化、自然灾害、海洋生物和非生物资源的健康和生存能力，OOI 构想的以研究为主导的海洋观测网将促进海洋基础研究的重大进步。

- OOI 将大大提高业务化海洋观测系统（如 IOOS 和 GOOS）观测和预测海洋现象的能力。

建议：

- 美国国家科学基金会应该继续为海洋观测网计划提供资金，并为研究型海洋观测网打造基础设施。

- 在基础设施开发，仪器仪表、船舶和遥控操作装置的使用，数据管理和技术转让等领域，OOI、IOOS 与其他国家和国际观测网络之间的协调将变得至关重要。通过国家海洋合作计划（NOPP）建立机制，促进美国各个支持海洋观测系统的机构之间的协调。

0.3.2 科学规划准备情况

OOI 是过去十年来一系列以学科为基础、跨学科的科技领域科学规划努力的结果。OOI 基于现有观测网络的经验以及几个成功试点项目而建立。OOI 的三个组成部分（全球观测网络、区域观测网络和近海观测网络）目前处于科学规划的不同阶段。

调查发现：

- 以研究为基础的海洋观测网的科学动机和效益在现有的研讨会报告以及 OOI 的三个主要组成部分的相关文件中进行了明确界定。

- 确定关于特定观测网络的位置、实验和仪器要求的科学规划在 OOI 的三个组成部分之间存在显著差异，且在最终确定这些系统的设计之前，需要进行额外规划。

- 目前，对于可重新部署的观测网络（先锋阵列）、有缆观测网络和近海以及五大湖研究所需长期时间序列测量之间的适当平衡还未达成群体共识。

建议：

- 美国国家科学基金会应通过地球和海洋系统动力学（DEOS）指导委员会或 OOI 项目办公室（成立后）即时启动一个进程，以更好地确定特定观测网络的科学目标、位置、仪器和基础设施的要求。此外，近海研究需要就可重新部署的观测网络（先锋阵列）、有缆观测网络和长期系泊的观测网络之间的适当平衡达成共识，这些能最好地满足沿海和五大湖研究的最大规格要求。

0.3.3　观测网络的建造、安装及运营管理

OOI 是一个跨学科、技术复杂的项目，需要国家项目管理部门提供协调性的、全项目范围性的科学规划和监督；提供观测网络设计、安装、维修及运作的财政及合约管理；建立数据管理标准和协议；协调项目范围内的教育和公众参与推广活动。

调查发现：

- 主要研究设备和设施建设（MREFC）账户的 NSF 政策和程序要求单个实体对该计划负有全面的财务和管理责任。因此，尽管 OOI 包含了来自沿海和开放海域不同学科的不同研究人员，但海洋观测网的建造、安装和运营管理必须由一个独立的项目办公室来完成。

- 与 OOI 相关的基础设施的维护和运营成本每年可达 2 000 万至 3 000 万美元（不包括船期费用）。如果算上船期时间，这些成本可能会翻倍，每年将接近 5 000 万美元。部分团体也担忧这些成本可能会耗尽海洋科学其他领域的资源，并垄断船舶和无人潜水器等资产，或担心技术更先进的观测系统的建造及安装成本超支，并影响观测系统其他组件的购置。

- 一些拟议的观测网络系统衍生了国家安全问题，需要在安装这些系统之前加以解决。

建议：

- 应采用基于大洋钻探计划（ODP）多年成功使用的 OOI 管理模式，并稍做修改。该项目应由一个团体组织管理，最好具有大型海洋学研究和业务项目的经验。

- OOI 规划办公室成立后应对 OOI 的三个组成部分进行全面的系统工程设计评审；为每个观测网络系统制订详细的实施计划及风险评估；为建造、安装、维护和运营提供详细的成本估算；安排一个独立的专家小组审查这些计划；建立监督机制和财政控制机制，确保按期并在预算内完成实施任务。

- OOI 规划办公室应该开发一个运营策略，以协调 OOI 三个组成部分的每个潜在用户如何分配研究时间、带宽和电力。拟定实验的优先次序应基于拟议科学问题的质量，通过同行评审过程而判定。

- 一个成功的观测网络计划将需要足够的资金来运行和维护观测网络的基础设施，以及这个基础设施所能支持的科学研究。美国国家科学基金会需要采取适当的措施确保在观测网络的基础设施就绪之前，有足够的资源来满足这些需求。

● 美国国家科学基金会应与海军部部长办公室的相关工作人员合作，并与美国国家海洋研究领导委员会（NORLC）合作，尽快制定相关政策，解决海洋观测网潜在系统能力所引发的国家安全问题。

0.3.4　对大学–国家海洋实验室系统（UNOLS）船队和深潜资产的影响

海洋观测网的安装、运行和维护衍生了一系列问题，包括对学术研究船队的影响、深潜设备的可用性以及工业在提供这些资产方面的作用等问题。学术界对船舶和遥控潜水器（ROV）的主要支持是国家海洋实验室系统，其由几所大学和国家实验室组成，主要协调船舶时刻表和海洋研究设施。一旦安装完成，观测网络基础设施便需要长期投入资源才能维持和运作。

调查发现：

● 海洋观测网将需要大量的船舶、遥控操作装置、安装时间、操作和维护，并将特别需要 UNOLS 船只的支持，以便定期为远海的观测网络站点提供服务。

● 学术界缺乏大型全球级船只和无人潜航器在继续满足正在进行的远征研究需求的同时，支持海洋观测网的安装和维护需求。如果美国国家科学基金会不承诺增强舰船和遥控操作装置的系统能力以满足这些需求，海洋观测网项目的规模和成功将可能受到威胁，以这些资源为基础的其他海洋研究也可能受到负面影响。

● 我们在海上能源和电信行业的海底电缆和大型系泊平台的设计、部署和维护方面已拥有丰富的经验，并拥有可用于海洋观测网安装和维护的资产（无人潜水器、电缆敷设船、重型起重船）。

建议：

● UNOLS 及其深潜科学委员会（DESSC）应制订一项战略计划并确定最具成本效益的方案，为观测网络的运行维护提供所需的舰船和无人潜水器资产，且美国国家科学基金会应承诺提供必要资金购置这些资产。本计划应考虑为 UNOLS 增加新的船只和无人潜水器，并考虑承包或长期租用商业船只或无人潜水器用于观测网业务。

0.3.5　技术和工程发展的需求

OOI 向科研人员提供的基础设施将包括电缆、浮标、系泊设施和接线盒，这些都是为海面、水体和海底或海底以下的各种跨学科传感器提供电力和双向数据通信所必需的设备。实施 OOI 所需的技术和工程在全球、区域和近海地区处于不同发展水平。

调查发现：

• 不同 OOI 组成部分(全球、区域和近海)的基础设施需求有许多共同的元素，但也有因接近陆地、电力和数据遥测需求以及维护物流等因素而造成的重大差异。

• 该技术已经用于某些类型的观测网络(例如低带宽深海浮标、沿海系泊观测网络、简单的有缆观测点)，一旦有了资金，就可以开始部署这些系统。下一代观测网络(例如，多回路、多节点有缆观测网络；高带宽光电机械电缆连接系泊；北极和南大洋观测网络以及可重新部署的近海观测网络)需要额外的原型和核心子系统测试，但技术上在 OOI 的(2006—2010)5 年内可行。

• 退役通信电缆的可用性对海洋观测网来说可能是一个重要的机会。由于利用这些电缆的可用性是一个相对较新的发展思路，早期的 OOI 并未考虑在内。

建议：

• 为了将更先进的系泊浮标及有缆观测系统于 2006—2010 年安装，美国国家科学基金会提供大量资金，完成核心子系统的原型设计和测试，并建立试验站对这些系统的性能和新的观测仪器进行评估。

• 应组建具有相应科学和专业技术知识的委员会，充分探讨利用退役电信电缆为一些拟议的 OOI 站点提供电力和带宽的技术可行性以及成本和效益等问题。

0.3.6　海洋观测网的传感器和仪器

对海洋进行物理、化学、生物和地质过程进行量化的新传感器和仪器的开发、校准和维护，将是真正实现海洋观测网跨学科愿景的关键因素。海洋观测网部署的传感器，需要能在不经常提供维护的情况下长期收集准确的数据，并能在诸如南大洋或北极等极端环境中使用。由于研制和生产新的传感器需要很长的周期，这项工作必须在观测网安装完成之前就开始。

调查发现：

• 虽然有一些具有海洋观测能力的物理、地球物理和生物光学传感器，但能够在海洋观测站进行化学和生物测量或在南大洋、北极等更具挑战性的环境中进行观测的传感器数量非常有限。生物附着和腐蚀仍然是长期无人值守海洋观测传感器应用的主要障碍。

- 传感器和仪器总投资最终在 OOI 的第一个十年投入观测系统并使用，而对这些传感器和仪器的投资可能接近基本基础设施本身的开销。通过 MREFC 提供资金的核心仪器套件只占总数的一小部分。

- 为确保不同 OOI 观测网的测量数据具有可比性，并充分发挥它们在研究和观测网方面的潜力，观测网的传感器需要根据国际标准进行校准。

- 海洋观测网的安装和维修以及其补充性研究将需要大量训练有素的海洋技术支持人员，这将大大超过现有人员总量。此外，观测网的运营将对仪器库存和资源，包括维修和校正设施提出大量需求。

建议：

- 应在每个观测节点安装一套核心仪器，并提供资金支持，使其成为观测基础设施的一部分，这不仅是为了测试系统功能，也是为观测网在基础研究方面的有效应用提供必要的科学支持。

- 为了获取和充分利用发挥海洋观测网基础设施的科学潜力所需的全套传感器和仪器，美国国家科学基金会需要设立一个独立的、资金充足的观测仪器项目，且其他对海洋研究感兴趣的机构也需要积极贡献其力量。

- 为确保仪器项目小组有能力满足支撑 OOI 的需求，美国国家科学基金会应扩大其仪器开发、支持和校准项目建设，包括延长拨款期限。当务之急应开发化学和生物测量传感器，能够抗生物侵蚀和腐蚀、能够在极端环境中使用的高精度传感器。

- 美国国家科学基金会应与从事长期海洋观测的其他机构合作，确保仪器、维护和校准设施的资源和技术人员均已到位，确保其有支持海洋观测的必要资金。

0.3.7　海洋观测网的数据管理

部署在海洋观测网中的仪器预计将收集大量数据，这些数据必须以有效、可靠和及时的方式传回岸上。为了有效地利用海洋观测网开展研究、教育和公众参与活动，需要组建一个系统以获取、处理、分发和存档来自许多不同学科的大量数据，其中大部分为实时数据。

调查发现：

- 尽管已有的数据存储中心能够处理海洋观测网收集的一些数据类型，但无法处理所有数据类型。如果没有一个协调的数据管理和归档系统，由于缺乏数据标准、质量控制或档案集中汇总管理，海洋观测网获得的数据可能无法普遍利用，海洋观测网巨大的科学和教育潜力可能无法实现。

建议：

● 美国国家科学基金会应与美国和其他参与建立海洋观测系统国家的有关机构合作，以确保建立并资助文档中心处理和存储海洋观测网收集的数据，并使这些数据易于获取，以便进行基础研究，满足运营需求，并向公众开放。

● OOI 程序应设立一个开放的数据策略，将来自所有核心仪器和共享实验的数据实时公开。

● 应为各类海洋观测网建立数据交换的元数据格式以及存档方法的标准，并与其他基于研究的国际观测网项目、IOOS 和 GOOS 进行协调和集成。

0.3.8　海洋观测网的教育和公众参与

提高公众的科学素养，提高学前至 12 年级的科学教学水平是迫切需要的。海洋科学的多学科性质为其阐述基本的科学原理及其在社会广泛关注的实际问题上的应用提供了绝佳机会，例如海洋在气候变化中的作用。海洋观测网以其先进的仪器和实时数据传输能力为公众参与和创新教育项目的执行提供了极好的机遇。它们还为新一代学生和海洋科学家提供了跨学科研究的机遇。

调查发现：

● 海洋观测网将为教育和公众参与（EPO）提供独特的机遇，它通过互联网的互动，利用实时数据帮助学生、教师和公众理解海洋研究与他们日常生活的相关性，提高其兴趣。

建议：

● 海洋观测网的 EPO 活动应由专业人员在计划下进行协调，并由规划和项目两级组织提供资助。观测网络教育计划应符合国家科学教育标准，并应与国家海洋科学基金计划和海洋科学教育英才中心（COSEE）合作。

● NSF 或 OOI 项目办公室成立后应就举办讲习班一事征求建议，以处理本报告中提出的 EPO 问题，并为海洋观测计划制订一套具体的 EPO 实施计划，包括拟议EPO 活动的预算。

1 引 言

从历史上来看，海洋学家主要依靠基于船只的远征研究来开展海洋调查。这种调查方式导致人们发现，在地球表面 2/3 被水覆盖的地方，各种物理、化学、生物和地质过程都十分重要。海洋学家已经了解到，海洋散发着大量的热量，这些热量控制着我们的天气和气候。目前已知，由生活在海洋表层水中的生物形成的沉积物含有过去气候变化的宝贵记录，有助于调节大气中二氧化碳的浓度。尽管辽阔的深海仍在很大程度上未被探索，但海洋内部和海底的生物多样性超过了地球上任何其他生态系统。地球上的大多数活火山和断层系统要么位于海底，要么位于海洋的边缘。在深海海底的热液喷口发现了以前未知的、可能与地球生命的起源有关的生命形态。

今天的社会也越来越依赖海洋。海洋本身是大多数国际贸易的航路，也为我们的餐桌提供食物。大陆边缘的沉积物蕴藏着我们剩余的大部分石油和天然气。美国超过一半的人口都生活在距离海洋一个小时车程的沿海地区，但是这些沿海地区越来越容易受到风暴、侵蚀和海平面变化的影响，而这些变化不断地影响着陆地和海洋之间的动态边界。

随着海洋对社会越来越重要，因此有必要了解它们在时空尺度上的变化。了解海洋这一变化，迫使海洋学家超越传统的远征式调查方式，在海洋和海底进行持续的原位观测。一份关于美国海洋科学未来、新千年海洋科学的报告得出结论：

• 海洋缺乏广泛、或多或少连续的时间序列测量，可能是了解海洋和全球气候长期趋势和周期变化以及大地震、火山爆发或海底滑坡等偶发事件的最严重障碍之一（National Science Foundtion，2001）。

海洋观测系统将使地球和海洋科学家能够从几秒到几十年的时间尺度上以及从几毫米到数千千米的空间尺度上研究海洋的演变过程。这些系统将为解决诸如气候变化、自然灾害、世界海岸和海洋生物和非生物资源的健康和可持续性等重要社会问题提供科学支撑。

可以使用各种技术方法观察海洋。卫星能够提供对海洋表面的全球覆盖，通过海洋的颜色、上层海洋浮游植物的数量测量海洋表面温度、风和海面高度，沿海海洋的水深和底物。声波测温技术可以使我们对海洋温度变化进行大尺度测量。新一代的水下浮标、滑翔机和驱动器将在全球范围内为海洋特性研究提供广泛的空间覆盖服务。利用海面和水下系泊传感器对海气相互作用和海洋性质的测量为确定大气和海洋的长期变化提供了必要的实地参考。基于海底电缆的观测站可以为从海底到海面的任何仪器提供前所未有的能量、数据带宽和双向通信。这些现有的和新兴的观测技术，与新的原位测量传感器的发展、电信技术的重大进步相融合，计算和建模能力的大幅提高，为建立长期海洋观测系统提供了前所未有的机会，这些系统有望从根本上改变未来几十年海洋科学的研究方式。

美国国家研究委员会（NRC）最近的一份报告：《照亮隐藏的星球：海底观测科学的未来》（*Illuminationg the Hidden Planet：The Futrure of Seafloor Observatory Science*）（2000）强调，需要长期固定的海洋观测网以对众多科学问题进行基础性研究。"海底观测网"在书中定义为"由仪器、传感器和控制模块组成的无人系统，这些仪器、传感器和控制模块通过声波或海底接线盒与水面浮标或光纤电缆连接到陆地"（National Research Council，2000）。报告说道：

> 海底观测网可以为地球和海洋科学家提供独特的新机遇，让其研究从几秒到几十年不等的、多个相互关联的演变过程；对区域过程和空间特征进行比较研究；绘制全球性的大尺度结构。推动海底观测网络需求的科学问题具有广泛的覆盖范围，几乎涉及海洋科学的各个主要领域（National Research Council，2000）。

许多海洋观测网可以推动解决的基础科学研究难题已经在美国国家科学基金会（NSF）海洋科学部发布的远期"未来"报告（Baker and McNutt，1996；Royer and Young，1998；Jumars and Hay，1999；Mayer and Druffel，1999）、《新千年的海洋科学》（*Ocean Science at the New Millennium*）（National Science Foundation，2001）、《照亮隐藏的星球：海底观测科学的未来》（National Research Council，2000），以及一些规划文件（附录 C）中得到了确认。这些科学难题包括：

- 确定海洋在气候变化中的作用；
- 量化海洋与大气之间的热量、水分、动量和气体交换；
- 确定海洋中碳的循环和海洋在减缓大气中二氧化碳增加方面的作用；
- 改进海洋混合和大规模海洋环流的模型；
- 了解海洋生物多样性的模式和控制作用；
- 确定海岸事件（例如有害藻华）的成因、发展及影响；
- 评估沿海海洋的健康状况；

- 确定深部地壳生物圈微生物的性质和范围；
- 研究可能导致大地震、海啸的俯冲带逆冲断层；
- 改进全球地球结构和核心−地幔动力学的模型。

1.1 美国国家科学基金会的海洋观测计划

为了向美国海洋科学研究团体提供在海洋中进行长期测量所需的基础设施，美国国家科学基金会海洋科学部制订了海洋观测计划（OOI）。OOI 是国家和国际层面海洋科技界科学规划的结果，并建立在最新的科技发展、现有观测网络经验和几个成功的试点项目的基础上。OOI 支持的以研究为重点的观测系统将与拟议的综合及持续海洋观测系统（IOOS）联网，并成为该系统的一个组成部分。这一以业务化为重点的系统得到多个机构的支持，是美国对国际全球海洋观测系统（GOOS）的重要贡献。

OOI 拟议的观测网络将为 IOOS 和研究界提供尖端能力。这些观测网络将为 IOOS 补充其他要素，如 Argo 剖面浮标，并将海洋和海底的观测面积扩大到现有的时间序列采样方法所能达到的范围之外，例如，美国国家海洋和大气管理局（NOAA）资助的热带大气海洋计划（TAO）阵列。来自 OOI 站点的大部分数据将近实时提供，并将应用到正在进行的海洋数据同化和预测工作中，如全球海洋数据同化实验（GODAE），并推动新的科学研究。

OOI 向科研人员提供的基础设施将包括电缆、浮标、系泊设施和接线盒，这些都是为海面、水体和海底或海底以下的各种跨学科传感器提供电力和双向数据通信所必需的设备。OOI 还包括项目管理、数据传输和存档、教育和公众参与等，这些对海洋观测网科学的长远发展至关重要。一个全面运行的研究型观测网络系统可达成下列目标中的大部分：

- 连续观测，时间从几秒到几十年；
- 从几毫米到数千米尺度的空间测量；
- 在风暴和其他恶劣条件下的持续运行；
- 实时或接近实时的数据（视情况而定）；
- 数据的双向传输和远程仪器控制；
- 为海面和海底之间的传感器供电；
- 标准化的即插即用传感器接口协议；

- 用于数据下载和电池充电的自治式潜水器（AUV）坞站；
- 使用可满足特定观测网络需要的部署和维修车辆；
- 仪器维修及校正设施；
- 使数据公开可用的数据管理系统；
- 有效的教育和推广计划。

按照目前的设想，OOI 将包括三个主要部分：①全球深海系泊浮标网络；②区域型有缆观测系统；③近海观测扩展性网络。

1.1.1　全球观测网络

OOI 设计的全球观测网络由 15～20 个系泊浮标组成，这些浮标将通过卫星与海岸相连，支持测量海气通量的传感器，监测海洋水体的物理、生物和化学特性，以及海底的地球物理观测。该系泊浮标旨在一个共同的地点进行跨学科的测量，这也是 OOI 的一个特色。有些系泊浮标可能无限期地占用站点，另一些将重新部署，以便研究世界海洋不同地区的变化过程，或针对瞬态事件快速部署电力和带宽资源。许多浮标专门设计用于高纬度地区，特别是在南大洋。这个固定海洋观测网旨在通过提供全球范围内海洋学性质和海气相互作用变化的四维视图，促进关于海洋在气候变化中的作用的研究。该网络还力求通过将全球地震台网（GSN）扩大到缺乏岛屿站的海洋区域，以增进对地球内部结构和动力学的了解，并可能成为《全面禁止核试验条约》中水声数据收集系统的一个组成部分。可重新部署的系泊浮标将用于研究最活跃的地球和海洋活动，例如跨越主要洋流系统、高生物生产力地区或火山和地震活跃的地质板块边界。

1.1.2　区域型有缆观测网络

OOI 的第二个组成部分是有缆观测网络，它将在区域尺度上对地球和海洋活动提供首次全面的长期性观测。

例如，区域尺度观测站可以观测到一个构造板块，包括板块边界分布中心、变换断层和俯冲区等所有主要类型。该观测系统将使用电力光纤/电缆，为岸站和仪器海底节点之间提供前所未有的电力和双向实时通信，从而能够对许多空间和时间上的化学、生物和物理活动进行实时和交互式调查（见图 1-1）。目前人们已经提出的各种海底节点测量系统包括：①用于地球物理测量或者地质观测的海底固定传感器组件；②海底和水体的现场生物和化学测量仪器；③摄像头和实时视频；④装有仪器的三脚架海底装置；⑤用于水体剖面测量的绞盘式、浮力控制式或钢丝爬行式剖面仪，以及水下和水面系泊设施；⑥在海底钻孔内部署的仪器；⑦用于强化空间采样的 AUV 接口和水声通信导航网络。区域观测网络将与其他主要的地球科学项目密切联系，例如 Ridge 2000、大陆边缘研究计划和地球镜。

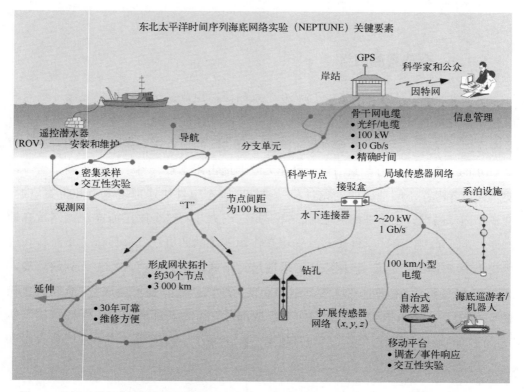

图 1-1　OOI 区域型有缆观测网概念图。陆地上的科学家、教育工作者、决策者和普通大众都可以与传感器进行实时交互连接，这些传感器在岸站和区域内的海底节点阵列之间用双向数据通信和电力光纤/电缆连接，安装在海底、海底以下或海面上

1.1.3　近海观测网络

OOI 将加强和扩大美国现有和规划中的近海观测网络，为沿海全球海洋观测系统(C-GOOS)提供一个重要的研究组成部分(该系统的主要任务是服务于海洋业务)

（有关 OOI 和 IOOS/ GOOS 之间的关系以及业务型和研究型观测网络之间区别的详细讨论参见第 6 章）。OOI 的近海组件将为以下领域的研究提供新的机遇：大规模沿海海洋环流的可变性、物质质量平衡、生态系统研究、沿海形态和海滩侵蚀。这些观测网络对我们特别重要，因为它们将有助于我们对沿海海洋的偶发性和极端事件进行基础性研究。这类研究将提高我们对有害藻华或与风暴有关的海岸侵蚀的预测，提高区域海岸模型和预测的准确性，并评估人类行为对沿海海洋的影响程度。该系统将采用多种方法收集沿海地区的数据，这些手段包括利用系泊浮标、电缆、水面雷达、水下航行器、机载传感器和船只。

1.1.4　海洋观测计划的资金

美国国家科学基金会设立了账户，并正在为 OOI 项目寻求资金。为该机构设立的资产账户是为主要的科学和工程基础设施（建设成本从数千万美元到数亿美元不等）提供资金。预计在五年内，OOI 将提供约 2 亿美元用于建造和安装近海、区域和全球海洋观测网以及关键的岸上设施（例如数据分发和归档中心）。

根据 2003 年 2 月发布的美国国家科学基金会 2004 财政年度预算请求，OOI 的资金计划从 2006 财政年度开始启动，一直持续到 2010 财政年度（图 1-2）。

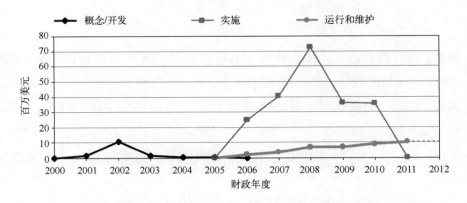

图 1-2　2004 财政年度美国国家科学基金会预算请求中的 OOI 资金概况

美国国家科学基金会在其预算请求中说：预计到 2003 财政年度，将在概念和工程开发活动上花费大约 1 420 万美元；到 2005 财政年度，将在这些活动上再花费 130 万美元。从 2006 财政年度开始，直接投资的五年总建设费用预算为 2.08 亿美元。通过海洋观测网管理咨询委员会取得的观测网基础设施的维修和运营费用将由国家科学基金会海洋科学部的研究及相关活动账户资助。美国国家科学基金会在其 2004 财政年度预算请求中预测：到 2011 财政年度，这些费用将增加到每年 1 000 万美元。使用观测网基础设施的科学项目预计将由国家科学基金会和支持海洋基础研究的其他机构如[NOAA、美国海军研究局（ONR）和美国国家航空航天局（NASA）]资助。

1.1.5 海洋观测计划的管理和监督

美国国家科学基金会在多年来成功运行大洋钻探计划（ODP）的经验基础上，提出了 OOI 采办和实施的管理模式。按照这种模式，将根据国家科学基金会的合作协议建立中央 OOI 计划办公室，该办公室的执行主任将对 OOI 进行管理、协调和监督。该主任将向执行委员会负责，而执行委员会将征集各科学和技术咨询委员会提供的咨询意见，其成员将由在海洋观测科学和工程方面具有专业知识的人士组成。基于 OOI 基础设施的实验将在同行评审的基础上进行甄选。OOI 项目办公室还将负责与美国 IOOS 以及其他国际海洋观测项目的协调工作。

1.2 团体对海洋观测计划的投入

最近和正在进行的若干团体科学规划研讨会为 OOI 的推进提供了支持（附录 C）。直接涉及向 OOI 提供投入的研讨会如下：地球和海洋系统动力学（DEOS）实验、东北太平洋时间序列海底网络实验（NEPTUNE）、全球欧拉观测网（GEO）时间序列项目以及最近的两个研讨会，一个侧重于有缆观测网[（科学有缆观测网的时间序列（SCOTS）研讨会]，另一个则侧重近海观测网[近海海洋过程计划（CoOP）观测网科学研讨会]。

1.2.1 地球和海洋系统动力学

DEOS 指导委员会成立于 1997 年，由美国海洋学研究与教育联盟（CORE）赞助，其资金来自美国国家科学基金会。DEOS 的任务是为建立以研究为基础的海洋观测网提供协调性科学规划，就技术规格及管理事宜向美国国家科学基金会提供意见，并探讨海洋观测系统提供的教育和公众参与活动的新机遇。

DEOS 源于海洋地球科学界与主要海洋地球科学研究项目 [如 ODP、中脊跨学科全球实验（RIDGE）和大陆边缘研究计划] 一起进行长期观测的需要。其规划工作随后扩大到物理海洋学、化学和生物学领域，以反映海洋观测网项目的跨学科性质。DEOS 制定了实施基于研究的海底观测网络系统战略，强调采用两种技术上截然不同的方法：

第一，海底观测网络通过海底电缆与陆地和网络连接。海底观测网络有两种类型：①基于机会主义，在目前科学界感兴趣的区域内使用已退役的电信电缆；②在地球和海洋活动的核心地带挑选最活跃、最接近陆地的几个地点作为科研电缆的特别部署点。后者的一个例子是 NEPTUNE，它是一个拟议的有缆观测网络，跨越卡斯凯迪亚边缘和俯冲带，横跨整个胡安·德·夫卡构造板块（NEPTUNE Phase 1 Partners，2000）。NEPTUNE 的概念激发了科学和技术规划工作，为在各种环境下建立区域性的有缆观测网奠定了基础（Dickey and Glenn，2003）。

第二，系泊浮标观测网络为海底仪器提供动力，并为陆地和因特网提供卫星通信连接。这些系泊浮标每年需要进行检修：①永久地完成全球观测网络的部署；②在无须永久安装就能解决核心问题的地区，使用最长使用年限的设备。后者的例子可能包括俯冲带环境下的地震研究，不同海岸环境下跨陆架和沿陆架输运的调查，或研究主要洋流系统的年际变化调查。

DEOS 监督了许多团体的科研和工程规划活动。在 1999 年 12 月，DEOS 发布了一份关于全球系泊浮标网络的科学原理的工作组报告（DEOS Global Working Group，1999）。2000 年 8 月发表的 DEOS 系泊浮标观测网络设计研究报告审查了与特定系泊设计相关的科学要求、技术可行性和潜在成本。这些设计包括：①低带宽饼状浮标系统，该系统使用声学调制解调器将系泊或海底仪器上的数据传输到浮标上，并通过卫星与海岸相连；②高带宽设计——利用装有 64 kb/s C 波段卫星系统的大型隔板或饼状浮标、浮标上的发电机和电-光-机械电缆，向海底的接线盒提供电力和双向数据通信。

DEOS 已经与海洋气候观测小组（OOPC）的时间序列科学小组和 NEPTUNE 小组协调了其规划工作，后者提议在胡安·德·夫卡构造板块的东北太平洋建立一个板块级有缆观测网络。DEOS 还与 GOOS 协调，GOOS 正在制订计划，为多学科科学部署全球系泊浮标系统网络。

在 2002 年，DEOS 推进了由美国国家科学基金会主办的关于近海观测网络和区域有缆观测网络的科研应用研讨会。

这些规划活动和研讨会为本报告提供了必要的资料(附录 C)。

1.2.2　东北太平洋时间序列海底网络实验

DEOS 项目的核心是 NEPTUNE，这是一个美国和加拿大联合开展的多机构合作项目，其目的是在东北太平洋的胡安·德·夫卡构造板块上安装大约 30 个仪器节点，由 3 700 km 光纤/电力电缆网络连接。NEPTUNE 基础设施的设计目标是为每个观测网络节点提供大量电力(kW 级)和数据带宽(Gb/s)，其使用寿命超过 30 年。NEPTUNE 建设合作伙伴包括华盛顿大学、维多利亚大学(加拿大)、伍兹霍尔海洋研究所(WHOI)、美国国家航空航天局(NASA)喷气推进实验室(JPL)和蒙特利湾海洋研究所(MBARI)。

过去几年来，NEPTUNE 项目开展了广泛的科学和工程规划工作，并提供了关于区域尺度有缆观测网的科学原理和技术要求的资料。美国国家海洋合作计划(NOPP)资助了 NEPTUNE 项目在 2000 年 6 月发表的可行性研究(NEPTUNE Phase 1 Partners，2000)。美国国家科学基金会独立资助了一项为区域型有缆观测网络设计电力和通信系统的研究。加拿大创新基金会(CFI)和美国国家科学基金会分别为加拿大海底维多利亚海底实验网(VENUS)和蒙特利加速研究系统(MARS)提供了两个验证这些设计的试验台(见第 3 章)。CFI 承诺将在一定条件下为 NEPTUNE 计划北部地区的开发和安装提供资金。

1.2.3　全球欧拉观测网时间序列项目

DEOS 的另一项内容是国际规划工作，在世界海洋的关键地理位置建立固定的系泊观测网络，并作为 GOOS 的一部分(这一工作已经进行了一段时间)。全球欧拉观测网(GEO)计划提出从海洋–大气边界层向下穿过海洋混合层并深入深海，在时间尺度上进行从几分钟到几年的空间和时间高分辨率的时间序列测量。选定地点的时间序列站将被视为全球海洋观测的关键要素，为研究人员提供选定地点的连续数据，以补充 Argo 浮标、遥感卫星对海洋的探测数据，并就深海相对缓慢变化的现象和性质提供基本参考资料。地质时间序列方案是国际气候变率及可预测性计划(CLI-VAR)以及碳循环方案的重要组成部分。GEO 也将成为全球海洋数据同化实验的一个重要组成部分。GODAE 是一项国际计划,旨在将现场和卫星海洋观测数据与 Argo 项目的浮标剖面数据和数值环流模型相结合,以确定海洋动态情况及其随时间变化的情况。

1.2.4 科学有缆观测网的时间序列研讨会

2002 年 8 月,美国国家科学基金会主办了一次研讨会,以确定需要通过有缆观测网络解决的科学问题或其最有效的方式(Dickey and Glenn,2003)。研讨会的参加者还审查了有缆观测网络和相关技术的现状,以便为这项活动提供支撑。研讨会的结论是,有缆观测网络有能力解决新的科学问题,因为它们能够:①为需要能量的传感器和系统提供足够的电力;②长期进行数据高速率采样;③在不同的空间尺度上,收集大量几乎连续的、多样化的测量数据,进行前所未有的、跨学科的一致性分析;④将全部数据集实时地发送到岸上设施。会议最后提出了若干建议,包括:

- 鼓励在三个领域(全球、区域和近海)发展有缆观测网络;
- 努力重新部署退役的电信电缆,以填补全球深海成像观测网的空白;
- 探索沿电缆向深水区域部署近海观测科学节点的技术;
- 鼓励各种传感器和技术的测试和开发(如传感器组件、AUV 对接站、通信系统等);
- 建立仪器接口、数据分发和管理政策标准;
- 加快开发新型自主传感器和系统;
- 评估遥控潜航器的可用性和能力;
- 将有缆观测网络与其他观测资料相结合;
- 建模组件;
- 平衡基础设施和实验资产之间的资金支出;
- 实施具有明确职责、权威的和负责任的以及科学参与的管控结构。

1.2.5 近海海洋过程和观测网科学研讨会

近海海洋演变过程和观测网科学研讨会于 2002 年 5 月举行,旨在为 OOI 近海观测部分的编制者提供重点和指导。其中,60 多名与会者负责确定了最适合使用近海观测系统进行研究的主题、目前对这些研究主题至关重要的现有能力以及可为近海研究提供最大利益的近海观测发展领域，这些领域将给近海研究带来最大的好处。

由此产生的报告的结论是，近海观测网将为各个领域的研究提供新的基础性机遇，包括：

- 近海海洋过程的综合、天气和大规模的测量；
- 物理和生物系统之间的相互作用；
- 物质质量平衡，如养分和碳预算；
- 近海生物地球化学；
- 海滩侵蚀和沉积物跨陆架输运；
- 偶发及极端事件(例如风暴、有毒藻华)的影响；
- 人类对生态系统的影响。

工作组所设想的近海观测系统将由三个基本观测部分组成：①固定的区域观测网络；②跨越和连接近海不同区域的宽间距分布式系泊系统；③针对特定的、面向过程研究的可重新部署阵列或先锋阵列。鉴于研讨会所提供的预算限制，报告指出先锋研究阵列是 OOI 对近海观测网络基础设施的主要贡献，它补充和加强了 IOOS 基础设施的运行骨干。每个先锋研究阵列将由 30~40 个系泊传感器所组成，并致力于特定的过程研究，该阵列的部署期为三至五年，之后将重新部署到不同的地区。

1.3 本研究的目的

自从美国国家研究委员会在《照亮隐藏的星球：海底观测科学的未来》报告中建议国家科学基金会推进海底观测网络项目的规划和实施以来，海洋观测网的科学规划和技术研究取得了重大进展。因此，在 2002 年秋季，美国国家科学基金会要求国家研究委员会进行后续研究，以制订一项实施计划，建立一个用于多学科海洋研究的海底观测网络。该网络将包括位于沿海和公海海域的海底电缆节点和系泊浮标。该研究将阐述执行当前报告中确定的优先科研项目所需的战略。美国国家科学基金会还特别要求国家研究委员会：

- 就网络的设计、建设、管理、运营和维护提供建议，包括需要的科研监督和科研规划、分阶段实施方案、数据管理、教育和推广活动；
- 评估海洋观测网对大学–国家海洋实验室系统(UNOLS)船队、现有潜水设施、遥控潜水器(ROV)和自治式潜水器(AUV)设施的影响；

• 评估国家科学基金会以研究为基础的观测网在国际遥测系统中的潜在作用，以及其他主要为该业务目的而开发和实施的国际工作。

在汇总调查结果和建议时，研究委员会审议了关于未来海洋科学研究优先事项的报告、海洋观测网规划文件、最近几次研讨会的建议以及海洋研究界的投入情况。

1.4　报告结构

本报告包括 7 个章节和 5 个附录。第 2 章概述了当前海洋观测网的经验，这些经验可以作为规划当前和未来工作的宝贵经验。第 3 章基于附录 C 中列出的最新报告和研讨会，讨论了拟议的研究型全球、区域和近海观测网计划现状。第 4 章讨论了与实施研究型海洋观测网有关的各种问题，包括项目管理问题、基础设施问题、传感器需求、施工和安装问题、运营和维护问题、数据管理问题、教育和推广问题。第 5 章讨论海洋观测网相关设施需求，例如船舶和深潜设备，以及工业界在为观测网络项目提供设施或服务方面的作用。第 6 章探讨了美国国家科学基金会的 OOI 项目与国际、国内其他海洋观测系统的关系。第 7 章总结了报告的主要调查结果、结论和建议。

附录 A 是委员会和成员简介。附录 B 是本报告中使用的缩略语列表（附词汇表）。附录 C 是为编写本报告而举办的研讨会及其报告。附录 D 是本报告中提到的海洋观测计划资料。附录 E 是全球时间序列测量计划所选择的站点列表。关于海底观测网实施情况的、供美国海洋研究委员会委员使用的地理资料示意图见图版。

2 当前海洋观测网的经验总结

在过去的 30 年里，海洋学家在一些开创性的海洋观测网中获得了十分宝贵的经验（附录 D）。其中一些是"机会型观测网络"，这些观测网络因其他目的而构建，最后恰巧用于研究。其中一个项目是船基海洋气象站网络。该网络是在"二战"后建立的，主要目的是引导越洋飞机，于 1981 年结束使命。在气象站网络中，船只收集的海洋数据在早期了解海洋如何随时间变化方面发挥了重要作用。值得一提的是，这个项目的数据有助于人们确定海洋和大气之间的关系。

"机会型观测网络"的另一个例子是水声监测系统（SOSUS）。该系统是美国海军在 20 世纪 50 年代末开发的一种机密性系统，使用水下水听器阵列探测、跟踪和鉴别苏联的水下潜艇。SOSUS 是一个声学阵列网络，在该网络中，水听器通过海底电缆连接到岸上的站点。"冷战"结束后，海洋学家对 SOSUS 网络的访问受到限制。拥有安全许可的研究人员利用该系统对大洋中脊火山热液系统、海洋哺乳动物和声学测温进行了卓有成效的研究。SOSUS 还向研究界提供了与海洋观测网、电缆网络相关的工程知识。但是，SOSUS 也强调了具有类似能力的观测网络将对国家安全构成威胁。

最近，人们利用系泊浮标的阵列在沿海地区和公海建立了为数不多的永久性测量点。其中，最成功的深海地点之一是赤道太平洋的热带大气海洋计划（TAO）阵列。作为 10 年前国际热带海洋全球大气计划（1985—1994）的一部分，TAO 阵列能够更好地探测、感知和预测厄尔尼诺事件，并为进一步了解厄尔尼诺与南方涛动提供了必要的数据。近年来，已建立和维护的其他海气相互作用观测网络有：百慕大大西洋时间序列站（BATS）（附录 D）、夏威夷海时间序列计划（HOT）观测站和加那利群岛时间序列欧洲站（ESTOC）。

人们在沿海地区也建立了一些有缆观测网络，其中最早的是 1977 年由美国陆军工程兵团（USACE）在北卡罗来纳州达克附近建立的野外研究设施（FRF）。FRF 为研究人员提供了一个独特的基础设施，包括有缆观测网络传感器、测量平台和部署车辆，以支持对开放海岸海滩近岸流和沉积物过程的各种基础研究。1996

年，人们在新泽西海岸 15 m 深的水域安装了长期生态系统观测网络（LEO-15），此举开创了利用有缆观测系统对大陆架气象、物理和生物过程进行多学科综合性研究的先河。2000 年，人们在玛莎葡萄园岛的南岸建立了另一个有缆近岸观测网络。人们将玛莎葡萄园岛海岸观测网络（MVCO）当作一个天然实验室用于研究风、浪和洋流对海岸线的影响，并监测海洋和大气状况。夏威夷海底地质观测网络（HUGO）是第一个海底火山观测网络，于 1997 年安装在夏威夷附近的洛伊希火山，该网络使用的是美国电话电报公司捐赠的一条 47 km 长的电缆线。夏威夷 2 号观测网络（H2O）是一个永久性的深水地球物理研究观测网络，该网络于 1998 年 9 月安装在夏威夷和加利福尼亚之间的 5 000 m 深的水域中，由退役的夏威夷 2 号同轴通信电缆连接。

这些观测网络不仅展示了观测网络的巨大科研潜力，而且为海洋观测网的安装、管理和运作提供了宝贵的经验。我们应将这些经验作为新一代海洋观测网计划中的一部分。本章对第 4 章讨论的每个实施难题的一些经验进行了简要汇总。

2.1 项目管理

- 现有观测网络（例如 LEO-15 和 FRF）的经验表明，观测网必须在其用户、研究科学家的控制之下，以提供最大的创新和灵活性，实验的优先级应基于科学的需求和资源的可用性来确定。

- 一个成功的观测网络项目——包括平衡的科学优先事项、发展目标和运行需求——需要科学家、工程师和管理人员保持持续沟通（如 TAO、BATS、HOT、FRF）。

- 现有的观测网络（例如 FRF 和 LEO-15）已经证明了采用广泛的、跨学科的方法进行观测网络研究的价值，同时也证明建模界需要尽早和持续参与，以确保所获数据具有足够的质量和数量，对建模工作具有价值。

- 几乎每一个现有海洋观测网的经验都表明，在以短期、两年至三年赠款为主的筹资情况下，很难保证观测的长期维持和运行所需的资金。

2.2 传 感 器

- 适合观测网络的传感器必须进行长时间(至少 6 个月至 1 年)的校准维护，保持其灵敏度特性(简称"观测网络可用的"传感器)。
- 在公海(如 TAO，BATS，HOT 项目)和沿海系泊(例如 FRF)部署多年的经验表明，海面浮标上的传感器会老化(由于暴露、腐蚀或海鸟破坏)，为了降低维护成本，提高观测网络测量数据的可靠性，必须解决上层海洋和浅海沿岸水域传感器的损坏问题(生物淤积、鱼咬、腐蚀、船舶碰撞或渔具缠绕)(图 2-1)。

图 2-1　这组前后对比的图片显示了生物附着给长期部署在上层海洋，特别是沿海地区的仪器带来的巨大问题。图片由斯基达韦海洋研究所的理查德·扬克提供

- 观测网络如 LEO-15 和 MVCO 清晰地表明，基础性观测组件对个别研究人员来说过于昂贵而无法用于收集信息，但这些基础性观测组件为观测网络的有效运行提供了必要的科研依据，应作为观测网络的基础设施的一部分。

• 调查结果表明，海洋观测网（如 FRF、HUGO、H2O）最大的好处之一是能够进行高频率、长时间的数据采集，并可以描述瞬时事件，如锋面过境、有害藻华、火山爆发或重大风暴。

• 经验表明，为观测网络开发新的现场仪器是一个漫长的过程，需要长时间的设计、现场测试、故障排除和重新设计，然后才能使仪器适航并达到可以常规使用的程度。

• 系泊设施［例如百慕大试验台系泊设施（BTM）］或海底电缆接线盒（例如 LEO-15 或 FRF）应便于接入（靠近海岸），以便测试新技术和仪器。这种接入方法可大大加快发展和测试新技术和仪器的步伐，并为对比新技术与正在逐步淘汰的旧方法提供一个平台。

2.3 建造、安装和测试

• 来自电信行业和研究观测网络（如 HUGO、LEO-15 和 MVCO）的经验表明，申请电缆岸上站的着陆权，进行各种环境评估，以及确保从地方、州和联邦当局获得必要的监管批准都十分耗时——需要长达两年的准备时间。而使用已退役的本地通信电缆和现有电缆站不需要经过冗长的授权程序。

• H2O 和 HUGO 项目的经验证明，将退役的通信电缆重新用于海洋研究观测网络是可行的。该方法的主要限制是功率，而不是带宽。

• HUGO 和 H2O 的经验表明，应该在观测网络节点上安装工程仪器，以便对基础设施性能和设计提供关键反馈，并评估仪表性能。

• HUGO、H2O 和 FRF 的经验强调了了解海底特性的重要性，以及电缆铠装或埋设的重要性。HUGO 项目在停滞六个月后，宣告停滞原因是在洛伊希海底火山崎岖的火山地形上，未加装保护的电缆受到了机械性磨损。FRF 项目的经验表明，海底电缆上的强波浪和海流作用会导致电缆磨损，同时接线盒、电缆接头和传感器连接装置也会产生连锁反应（见图 2-2）。埋在地下几米深的电缆在泥沙运动后也会暴露在外面。

• 目前，市场上有几家商业公司可提供电缆安装和海洋硬件的设计和维护服务。这些公司的丰富经验为观测网的设计和安装（例如 HUGO 和 H2O）提供了宝贵的资源，学术界应该加以利用。

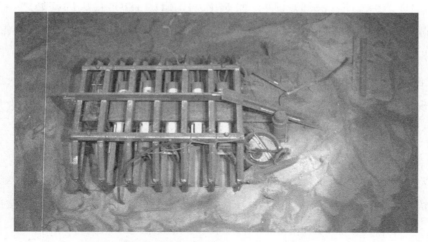

图 2-2　HUGO 项目位于夏威夷附近的洛伊希火山顶部的火山海底接线盒。该设施在海底放置了五年之后，在 2002 年 10 月发现的部分埋藏部件仍然完好无损。钛和塑料的使用几乎可以消除腐蚀。该图由夏威夷大学的弗雷德·杜恩比尔提供

2.4　运行和维护

- OWS、BATS 和 HOT 项目的时间序列站点的实际经验表明，时间序列数据的值取决于记录的连续性和时间长度。如果海洋观测系统及其仪器要运行几十年以上，这些系统必须设计成可靠、连续的运行系统并达到最低维护成本。
- 观测网络的运行和维护（不论系泊或海底节点）需要熟练且有经验的人员来执行。目前，训练有素的人员能否出海是一个偶发问题，这将对海洋观测计划的网络扩大计划（例如 FRF 和 TAO）构成更大的挑战。
- 当共享沿海库存器具可用于现场部署和检测传感器（例如 FRF）时，近海观测网络是最有效的方法（见图 2-3）（例如小艇和拍岸浪区工作平台等）。
- 海面观测网络的节点需要定期例行维修，更换或修复系统组件和仪器，以保持数据质量和连续性。经验表明，这些维护成本在最初往往被大大低估（例如 LEO-15 和 FRF）。
- 即使目前只有为数不多的几个海洋观测网在运行，但船只和遥控潜水器（ROV）的有限供应也阻碍了它们的运营和维护（HUGO 和 H2O）。这些设备需求量很大，而且需要提前安排好，因此很难对观测网的故障做出快速反应。未来对 ROV 的

图 2-3 美国陆军工程兵团 FRF 沿海研究两栖车(CRAB)。该部署和回收平台是一个三个轮子上的塔台，由位于作业平台上方 11 m 处的一台柴油发动机液压驱动。这种 CRAB 可以在 10 m 水深、2 m 高的破碎波中工作，配有全球定位系统(GPS)确保定位精度，可以在流体和沉积物边界层部署传感器

需求会随着更多海洋观测网的建立而显著增加。

• 多年海洋系泊作业经验表明，数据的相互比较和校准程序是必不可少的，即使这些数据来自使用不同仪器的不同地点，程序也确保了数据质量的统一性。船舶和/或 ROV 必须在传感器部署前后以及回收时投入时间进行原位传感器性能检查，这是一个经常容易被忽视的需求。

2.5 国家安全

• 美国海军 SOSUS 阵列的一个经验是，在美国海岸地区获取和公开发布声学和其他地球物理数据对国家安全构成了重大风险。在某些区域部署敏感阵列可能导致需要限制数据访问、随机获取数据或限制结果发布。

2.6 数据管理

- 其他主要的海洋科学项目，如中脊跨学科全球实验（RIDGE）、世界海洋环流实验（WOCE）和联合全球海洋通量研究（JGOFS）表明，海洋观测网项目不能依赖于单个研究人员来管理、存档或发布观测网络的数据。相反，必须通过已建立的数据中心对数据进行专业管理和分配，以确保数据能够被科学界使用。

- 经验证明，在观测网络的设计阶段以及在数据收集开始前，在参与的数据中心之间建立数据格式和元数据内容是很有价值的。例如，H2O 数据以地震数据交换标准（SEED）格式分发，这使得它对世界各地的地震学家都有用。

- 主要的海洋科学项目如 RIDGE、WOCE 和 JGOFS 表明，科学团队和数据管理团队之间的有效交互对于数据管理系统而言是不可或缺的。如果没有这种交互，通常不会达到预期要求。

- 仪器接口和数据格式应兼容各种仪器，以简化其集成。一个标准化的接口，自动将仪器的元数据与其数据流相关联，将有利于数据集成。

- 考虑到大的数据采集速率（例如 Gb/s 到 Tb/s），以及海洋观测网产生数据的复杂性，我们需要定义和标准化数据产品的级别，以便共享数据。例如，卫星任务和 Argo 项目都定义了多级数据产品。

- 数据存档中心需要持续的资金来支持数据存档和分发，即使是在项目结束之后也是如此。例如，合并的地震学数据管理系统研究所每年大约存档 3.5 Tb 的地震波数据，其每年的经费约为 350 万美元。此外，美国国家航空航天局每年花费约 1 亿美元用于维持三个主要的档案中心和一个长期备份中心的运行。

2.7 教育和公众参与

- 经验表明，如果将教育和公众参与工作作为观测网络最初设计的一部分，而不是事后再考虑，那么观测网络将会取得更大的成功且更划算。

- 正如 H2O 项目的经验表明，有关工作最好是在数据中心开展，而不是由单独的研究人员完成。

● 美国国家航空航天局已经证明，一个成功的教育和公众参与计划需要具有专业知识的专业人员来执行。这些活动需要在项目级别上协调，而不是在个别研究人员级别上执行。此外，应指定每个项目预算的强制性百分比，以支持教育和公众参与活动。

3 研究型海洋观测网计划现状

本章对关于 OOI 三个主要基础设施组件建造和安装的科学规则和技术开发的准备情况进行了评估。

3.1 全球观测网计划

全球观测网科学数据根据其来自海底还是来自水体和海面，可以大致分为两类。来自海底的数据包括地震和地球结构的地球物理信息、火山和构造活动的调查数据，以及对海底或海底以下生命的研究数据。在水体和海面收集的数据用于研究天气和气候、大气和海洋之间的相互作用，以及研究海洋物理、化学和生物学。

出于对地球内部进行更均匀采样的需要，全球的地球物理学家都对远离岛屿或其他陆地观测网络的地点特别感兴趣。而海洋学家更感兴趣的是测量海气通量、对水体形成的研究、主要海流系统的输运和变异性，以及对海洋内部变化的研究。虽然这些不同学科最感兴趣的地点往往不会重合，但由于在世界海洋较偏远地区建立观测网络的成本和可用性有限，强烈建议将全球观测网络设在可以同时进行多学科研究并富有成效的地方。不能由固定的观测网络支持的研究可以从拉格朗日项目和卫星观测系统得到帮助。

OOI 的全球观测网部分将在世界主要海洋选取 15～20 个相隔甚远的地点，并提供重要的、长期的跨学科测量数据。当前一项高度优先事项是覆盖目前尚未取样的南大洋区域，这个网络将补充和加强其他国际全球观测网络的工作(见第 6 章)。以下讨论总结了 OOI 全球观测网的科学规划和技术发展现状。

3.1.1 科学规划现状

建立全球海洋观测网的科学依据已得到很好的界定，该网络的规划工作进展顺利，包括这些观测网络的具体地点(见表 3-1)。这一规划工作的主要推动者是参与气候、全球碳循环、生物和生物地球化学以及固体地球物理研究的国际科学家团体。世界海洋环流实验(WOCE)、联合全球海洋通量系统(JGOFS)、气候变率及可预测性计划(CLIVAR)、中脊跨学科全球实验(RIDGE)、大洋钻探计划(ODP)、全球地震台网(GSN)、全球海洋生态系统动力学计划(GLOBEC)、碳循环科学项目和表层海洋低层大气研究(SOLAS)等研究项目都指出,建立长时间跨度的序列地点是实现研究战略的关键要素。为发展全球观测网络提供指导的国际团体包括:海洋观测系统开发小组(OOSDP)、海洋气候观测小组(OOPC)、沿海海洋观测小组(COOP)、地球和海洋系统动力学(DEOS)指导委员会和国际海洋网络(ION)。以上每个团体都为开发全球阵列提出了建议。

这些团体认识到了固定观测网络的独特优势,包括高时间分辨率和垂直分辨率、从海面到海底的观测能力,以及偶发事件和船舶困难条件下在现场观测的能力。这些团体指出,固定的观测网络将是解决科学问题所需的观测方法中的一个基本要素(见专栏3-1)。在每一种情况下,都有强有力的论据来证明使用全球参考框架建立固定的观测网络的成本具有合理性,该框架可应用建模、遥感和其他已有的抽样方法来补充观测网络的短缺(National Research Council,2000)。特别重要的是,该框架可检验模型是否能够在全球不同特征区域收集信息。

例如,卫星遥感系统有助于天气预报的数值模型更准确地预测全球天气,但这些模型在海平面气象学和海气通量方面存在偏差和误差。由于目前只有一个海洋气象站(一艘船)在作业,浮标提供的海洋时间序列也很少,我们无法系统地解决误差、模型失败的问题,以及如何在不同的情况下(如在层云密集区域、信风、热带、南大洋等)改进模型机理和性能的难题。全球观测网络将使时间序列方案成为可能,并成为开发更好的海气通量场和改进大气环流模型的关键。

一个国际时间序列科学小组(TSST)正在协调对这些科学问题感兴趣团体的规划工作。TSST由来自气候变化和可预测性研究计划、全球海洋观测系统计划的人员共同组成,并得到了全球海洋观测合作伙伴关系(POGO)的认可,它代表了海洋科学界的各个分支学科的意向,并正在就时间序列站的理想位置达成共识。此外,它还开始负责执行综合全球海洋观测系统中的一个其他项目。TSST已经确定了位于多个学科感兴趣的区域的潜在站点,并优先考虑了那些可共享的跨学科基础设施并提供具有成本效益的观测系统的站点,这些系统在未来几十年内的开销应该在我们可承受的范围内,并发挥其作用。

> ### 专栏 3-1 以全球海洋观测网为基础的可解决的跨学科科学问题
>
> - 量化海洋和大气之间的热量、淡水和动量的交换；
> - 加深对海洋上层混合层及海洋表层混合层形成的认识；
> - 测定海洋盐度和水团的年际–年代变化；
> - 直测洋流及输移及其变化；
> - 利用声测温技术探测海洋上层温度的盆域和全球尺度变化；
> - 研究海洋内部的变化；
> - 量化海洋在全球碳循环中的作用；
> - 通过在海洋中建立全球地震台站和地磁台站网络来改进对地球内部结构的成像(这些台站不能单独由岛屿台站组成)；
> - 通过建立海底大地测量站，监测全球板块运动，确定岩石圈的变形情况；
> - 沿活动板块边界研究火山、构造和水热演变过程；
> - 探索深海和海底的生态系统及其生物的多样性。

DEOS 指导委员会利用 TSST 的工作确定了 20 个系泊浮标观测网络的初步位置，这些观测网络将有可能构成 OOI 的全球网络组成部分(表 3-1)。这些地点的选择标准已在 DEOS 全球网络实施计划中明确(DEOS Moored Buoy Observatory Working Group, 2003)。这 20 个站点是迄今为止由 TSST 确定的较长列表中的子集(附录 E)。这份清单上的一些网络站点已经获得了资助；另外 20 个新增节点的投入将大大增加系统的能力，也是向全球海洋观测网迈进的重要一步。

表 3-1 DEOS 全球工作组提议的全球观测网络的潜在站点

纬度/经度	备注
大西洋的观测网络站点	
36°N、70°W	墨西哥湾流的延伸区；海气耦合临界部位的通量基准；二氧化碳；淡水；将水柱仪器用于水的质量变异性和改性研究
32°N、65°W	BATS/S/BTM 站；历史时序记录和试验台的网点；物理、气象、生物地球化学
30°N、42°W	北大西洋多学科站点；DEOS 检测；地球物理学、气象学、物理学、生物地球化学
0、20°W	多学科系泊；热带大西洋海面系泊基阵试验研究(PIRATA)系泊阵列所占用的场地，主要获取海面气象和上层海洋数据；功能更强大的、能够对全水体和海底进行观测的升级设施

纬度/经度	备注
10°S、10°W	通量参考站点；大西洋气候模式；如上所述，升级现有的 PIRATA 系泊设施
35°S、15°W	南大西洋多学科站点；DEOS 检测；地球物理学、气象学、物理学、生物地球化学
太平洋的观测网络站点	
50°N、145°W	前海洋气象站 P（"PAPA"），现在称为站点 P；气象；物理、生物地球化学
40°N、150°E	黑潮延伸区域；气象学和海气通量、水质量变异性
48°30′N、176°30′W	胡安·德·夫卡海脊奋进岭区；海脊综合研究站（ISS）；海底生物学，热液喷口，地球物理学
9°50′N、04°20′W	东太平洋海脊隆起综合研究站（ISS）；热带海气耦合，表面气象学，水体，海底生物，热液喷口，地球物理学
0、145°W	太平洋多学科站点；热带大气海洋计划（TAO）通量升级点；生物地球化学、水体
40°S、115°W	南太平洋多学科站点；DEOS 设备；地球物理学、气象学、物理学、生物地球化学
35°S、150°W	南太平洋多学科站点；DEOS 设备；地球物理学、气象学、物理学、生物地球化学
印度洋的观测网络站点	
15°N、65°E	阿拉伯海；气象、物理、生物地球化学
12°N、88°E	孟加拉湾；气象、物理、生物地球化学
10°S、90°E	90°E 海岭多学科站点；海面气象学，水体，海底
25°S、97°E	印度洋 DEOS；地球物理、物理、气象、生物地球化学
47.7°S、60°E	凯尔盖朗固定站（KERFIX），凯尔盖朗群岛时间序列测量计划的一部分；物理、气象、生物地球化学
拟议南大洋站点	
42°S、9°E	开普敦西南部；气象学、水体仪器、地球物理学
55°S、90°W	南极中层水（AAIW）形成区域；气象、物理、二氧化碳、地球物理
47°S、142°E	塔斯马尼亚南部；气象学、物理学、生物地球化学、地球物理学

来源：DEOS 系泊浮标观测工作小组，2003；数据来自 R. weller，伍兹霍尔海洋研究所，2003。

3.1.2 技术/工程发展及规划状况

为海洋观测网的仪器提供动力和双向通信有两种不同的技术方法：①通过卫星与海岸相连的系泊观测网络实现；②通过电缆与海岸相连的观测网络实现。目前使用的系泊系统采用了水下和水面系泊系统，但这两种类型都没有与海底的硬接线电源或数据连接，因此无法为系泊或海底的仪器供电或对其进行控制。

有缆观测网络可以进一步细分为利用新电缆的观测网络和使用电信行业退役电

缆的观测网络。基于新电缆基础设施的全球观测网络可能超出了 OOI 的范围，因为要连接遥远的观测网络需要使用高成本的电缆。在某些情况下，在观测网络中重新使用退役的电信电缆是可行的，目前我们已经在使用退役的 TPC-1 电缆。而日本地震研究所、夏威夷 2 号观测网络（H2O）和长期贫营养型栖息地评估站（ALOHA）观测网络（附录 D）正在重新使用其他类型的电缆。

到目前为止，OOI 全球观测网的规划工作主要集中在系泊浮标系统上。然而，由于重新使用退役电信电缆可能在某些站点为系泊浮标系统提供一种经济有效的替代方法，应彻底调查在其中一些站点重新使用退役电信电缆的可能性。

3.1.2.1 系泊浮标

目前，在热带和中纬度地区，配备海面浮标仪器的系泊观测网正在良好运行［如 TAO、百慕大大西洋时间序列站（BATS）和 PIRATA］。该系统浮标上安装有海面气象传感器，系泊索上安装有海洋学传感器组件，在整个上层海洋中其间距最小为 5 m，并以更大的间隔逐渐向海洋深处延伸。这些海面系泊设施是为了在强洋流和公海上持续使用而设计，例如，在阿拉伯海，它们的使用范围接近 1∶4（系泊线长度与水深之比），并包括了合成绳（通常是尼龙绳），它可以拉伸并防止锚拖拽和海面浮标下沉。美国国家数据浮标中心（NDBC）还利用伍兹霍尔海洋研究所研发的 3 m 饼状浮标在美国专属经济区（EEZ）的许多地点收集气象观测数据。

地面和地下系泊技术的许多方面在测量海面和水体上都得到了很好的发展。这些设备的维修间隔主要取决于面对生物污染和腐蚀性时保持传感器质量的需要。虽然一些水下系泊设施可以安装并在无人看管的情况下工作长达五年之久，但对于目前使用的系泊设施而言，水面系泊浮标的维修周期通常为 6~12 个月。系泊设备行业也正在开发越来越复杂的仪器，包括多学科仪器、水采样器、原位分析仪和在系泊线上上下移动的剖面仪。

然而，目前的海洋系泊存在着 OOI 应该解决的重大短板。这些系泊点在岸上遥测数据（每分钟样本）的能力非常有限，因为它们依赖于带宽非常低的卫星系统。目前使用的浮标系统也只有非常有限的发电能力，因为它们通常依赖电池或太阳能电池板。目前的系泊观测网络没有能力与系泊或海底的仪器设备配合，以高数据速率进行供电或通信。仪器与钢系泊电缆的电感耦合和声波遥测技术与水下仪器进行通信，但其数据传输率较低。海面到海底的电-机型（EM）或电-光-机型（EOM）电缆尚未经过验证，在实际应用中的可靠性尚属未知。

即使是现在最坚固的海面系泊设施和缆绳，强大的洋流、高海况、冰冻的浪花和浮冰都在挑战着其生存能力。强洋流的巨大阻力会引起锚的拖拽或浮标下沉。除非采用旨在尽量减少俯仰和横摇的大浮标，高海况水面活动将导致较大的循环张力和机械疲劳，并可能影响定向卫星天线的性能。为保证在高海况下的气象和海气通量观测的质量，通常需要测量浮标的运动和平均倾斜度，或将气象传感器安装在固定框架内。此外，我们还必须研制更能抵抗恶劣环境的气象传感器。若要减轻冰冻喷雾的影响，我们需要加热气象传感器，进而需要具有强大发电能力的浮标。

水下系泊设备可以在恶劣的环境中使用更长时间，因为它们不受表面波动的影响，可以部署在冰层下，而且不太可能损坏。然而，海底系泊有时会受到捕鱼活动的破坏。此外，由于缺乏水面传输，水下系泊设备限制了数据返回到弹出式胶囊的速率，而这种胶囊通过卫星以相对较低的数据速率通信，缺乏与海底电缆的直接连接（例如 ALOHA 观测网络）。

DEOS 委员会调研了新的、功能更强大的系泊浮标系统，并发现了两个特别的、最有希望进一步发展的概念设计（表 3-2）（DEOS Moored Buoy Observatory Working Group，2000）。第一种是电缆连接的高带宽杆状浮标，它们使用 EOM 电缆将海底和系泊设备连接到海面（见图 3-1）。该系统的设计目的是为海底设备提供约 500 W 的电力，并将使用 64 kb/s C 波段卫星和稳定的定向天线将遥测数据发送到岸上。

表 3-2 正在研发的系泊浮标系统的技术参数

	低带宽、音测线缆连接	低带宽、EOM 电缆连接	高带宽、EOM 电缆连接
浮标类型	饼状浮标	饼状浮标	杆状浮标
系泊设计	张紧式系泊	"S"形系链系泊	三角式系泊
EOM 电缆	编号	是	是
数据吞吐量	2.4 kb/s	9.6 kb/s	64 kb/s
电力传感器	无	20 W	500 W
接线盒	无（音测线缆连接）	是	是

注意：传到岸上的数据量将取决于商业费率，而不是遥测链路的带宽（例如，"铱星"卫星遥测费用目前为每分钟 1 美元）。出处：资料来自 DEOS 系泊浮标观测网络工作小组，2003 年。

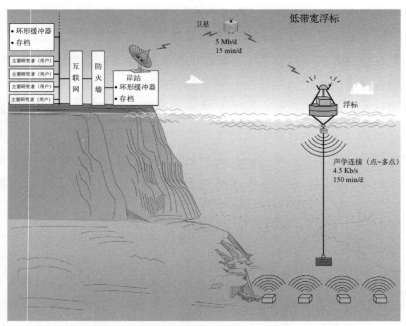

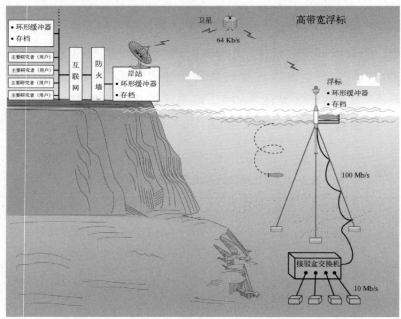

图 3-1　两个正在接受 OOI 检验的系泊浮标的设计概念

上图：低带宽饼状浮标系统使用声学调制解调器间歇地将数据从海底或系泊设备传输到水面浮标，并通过低功率、全方位的卫星系统从水面传回岸上。下图：一种高带宽系泊观测网络使用电缆线将电力和双向数据通信数据传送到海底接线盒，并通过 64 kb/s C 波段卫星遥测系统与海岸相连。本图由斯克里普斯海洋研究所的约翰·奥克特提供

第二种是低带宽的饼状浮标系统，该系统可以使用两种不同方法中的任意一种来实现（见图 3-1）。一是使用声学调制解调器以高达 5 kb/s 的速率间歇地将海底或系泊设备上的数据传输到浮标，并以一个低功率、全方位的卫星系统以 2.4 kb/s 的速率将浮标数据发送到岸上。二是使用 EOM 电缆为海底仪器提供约 20 W 的电力，并在浮标与深海站点之间提供双向数据通信。低功率卫星遥测系统将以 9.6 kb/s 的速率将数据从浮标传送到岸上。

以上讨论的系统的技术规格摘要详见表 3-2。

以下讨论将根据最近的 DEOS 全球网络实施规划（DEOS Moored Buoy Observatory Working Group，2003）对每个系统的技术成熟程度进行评估。

1）低带宽、声学连接系统

在过去，我们有饼状浮标在全球海洋的各种地点部署多达一年的成功实践，这一设计是建立在这一基础之上。美国国家海洋和大气管理局（NOAA）深海海啸评估与报告（DART）项目已经成功地使用了一个与声学系统连接的系泊观测网络。虽然目前没有发现与该系统相关的高风险问题，但在各种环境条件下，声学调制解调器本身的性能存在问题。需要解决的主要问题有：①水声通信链路的可靠性；②在系泊浮标设备正下方的仪器、在离浮标较远的海底或近海面系泊的水体中放置的仪器的平均数据速率；③能够保持有效水声通信链路的海面浮标的最大水平距离。

2）低带宽、EOM 电缆连接系统

该设计与其他低带宽系统的主要区别在于，EOM 电缆（而非声学链路）用于向海底接线盒提供双向通信，并向海底提供少量电力（20 W）。在本设计中，EOM 电缆与系泊浮标连接。由于缺乏使用 EOM 电缆的经验，因此系泊是这种方法中风险最高的子系统。传统的随波浮筒系泊设计采用大范围的系泊线来适应包括与平均水流相关的水动力和与表面波浪运动相关的弯曲疲劳在内的问题。此外，在传统的设计上，塑料夹套钢丝绳需要延伸至 1 500 m 深，然后过渡到合成线。当浮标随着表面波和涌浪起伏时，缆索会发生许多周期性的弯曲，而下面的刚性钢索相对于合成线运动，且须备有一个应变消除导入口，以减少因机械疲劳而引起的弯曲和磨损。但对于 EOM 系泊电缆，按接近水深 1 倍范围设计的目的是避免由于海流和海况的变化而导致光纤失效或 EOM 电缆中铜导体的应变硬化。在线张力可能很高，而负载的循环变化非常显著，这足以导致电缆因疲劳而失效。在这种应用中，EOM 电缆的预期使用寿命以及诸如海况和海流等因素如何影响其可靠性等问题，目前还不为人所知。关于 EOM 电缆的主要问题包括：①电缆设计和选择；②EOM 终端设计（包括弯曲应变）；③饼状浮标与 EOM 电缆连接处的设计。

3）高带宽、EOM 有缆杆状浮标系统

在基于这种设计所拟议的新系统中，有几个新系统或存在高风险的子系统最具挑战性。与饼状浮标的设计不同，柱形浮标系统的设计不要求 EOM 电缆承载。况且，应用 EOM 电缆将海底和系泊设备连接到地面的经验很少或根本没有，除了 EOM 电缆，需要进一步开发和测试的另外两个子系统包括：①高带宽 C 波段卫星遥测系统；②浮标上的柴油发电系统。一个关键问题是要确定这些系统能否在 12 个月的无人值守状态下可靠地运行。

在接下来的两年内，将在海上建造和测试两个低带宽的原型系统（参见下面的讨论）。在该系统作为 OOI 的一部分安装之前，必须完成对高带宽柱形浮标设计的详细系统工程研究，并构建原型、进行测试。设计时应考虑使用杆状浮标作为测量平台的相关问题，以及它可能干扰气象测量的任何可能。同样，需要仔细考虑在海洋中进行接近海面测量的方法，这些测量是研究上层海洋物理、生物、光学和海气通量所需要的，因为海面的船体会干扰海洋表层的流动，使所需的测量仪器复杂化。

（1）海底连接盒

无论是低带宽还是高带宽的 EOM 电缆连接系统，都需要在各种仪器系统和 EOM 电缆到海面之间设置海底接线盒。系泊浮标接线盒应重新设计，以使其与用户的有缆观测网络通信箱相同。唯一的区别是可用的功率和带宽的差异。开发电缆和系泊浮标观测网络的工程师需要密切协调，以确保海底接线盒接口协议的通用性。

（2）在恶劣环境下的系统运行

全球海洋观测网最具挑战性的目标之一是在高纬度地区建立观测网络，而这些地方经常盛行大风、高海况和强表面流。从卫星遥测系统的运行效率到系泊系统本身的生存能力都存在着挑战。大型三脚式系泊柱形浮标的设计对于这些严酷环境条件而言似乎是一个有希望的方法。英国地球和海洋系统动力学实验项目（B-DEOS）还开发了一种替代设计，用于在单点"S"形系链系泊的大型高纬度浮标，这种单点"S"形系链系泊在较低海况下为一个杆状浮标，在较高海况下为一个波浪跟踪浮标。在 OOI 准备在高纬度站点部署之前，需要确定在恶劣环境条件下部署系统的设计要求，并需要完成各种子系统的工程和测试。

（3）测试台

目前正在进行几项与上面讨论的下一代系泊海洋观测网有关的各种系统和子系统的测试工作。

4）声学线缆连接型海洋观测系统

伍兹霍尔海洋研究所和华盛顿大学的一组研究人员已获得了美国国家科学基金会的资助，将开发和测试一种原型深水声学连接系泊浮标观测网络，人们称之为声学线缆连接型海洋观测系统。该项目的目的是验证声学线缆连接的系泊浮标系统在海洋观测网的技术能力和科学潜力。在 2003 年底，该原型系统在美国东海岸部署 3 个月，并于 2004 年年底在东北太平洋部署 15 个月，以测试其在各种季节条件下水声通信和浮标与卫星连接的可靠性。

5）蒙特利湾海洋研究所海洋观测系统（MOOS）

蒙特利湾海洋研究所（MBARI）正在加利福尼亚州蒙特利湾的 MOOS 系泊试验基地 1 860 m 深的海域测试几项与 EOM 线缆连接型系泊浮标观测网络有关的高风险技术。这些测试包括：①部署系泊系统动力学模型，并验证可向海底和水体联网仪器输送电力和通信信息的 EOM 电缆的生存能力；②使用遥控潜水器（ROV）在底栖节点之间敷设 EOM 电缆；③对智能网络技术的评估，以便在仪器装入节点时提供自动设备发现、配置和操作功能。这些设计原型的测试工作持续到 2003 年，并于 2004 年或 2005 年在蒙特利峡谷部署集成系统。

该系统将包括：

- 产生 50 W 直流电的海面浮标；
- 全球星卫星（Global star）与海岸的双向通信；
- 向海底网络输送电力和通信的海底 EOM 电缆；
- 连接至 EOM 电缆的 2~3 个底栖节点；
- 提供给自动动态系泊配置的即插即用仪器；
- 岸上数据系统，自动接收与元数据关联的数据。

6）实时观测、应用和数据管理网络（ROADNet）项目

斯克里普斯海洋研究所目前正在测试商用 C 波段天线系统的性能，这是高带宽浮标系统的主要设计特性之一。在这些测试中，来自加利福尼亚州康克德 Seatel 公司的 2.4 m C 波段卫星天线安装在了海洋研究船"罗杰·雷维尔"号（R/V Roger revelle）上，并租用了一个商业传送服务端口，在船舶和公共互联网之间提供 64 kb/s 的全周期连接服务（费用约为 100 美元/天）。在加州大学圣迭戈分校的圣

迭戈超级计算机中心（SDSC）有一个岸上传送的原型。SDSC 是互联网上的一个主要节点，提供方便的宽带网管。该原型网络为将大量舰载数据实时传输到岸上并进行质量控制、存档和实时数据查询提供了可能。在测试的第一年，原型网络的吞吐量为容量的 82%～85%。迄今为止，该系统的性能表明，由于天线伺服的响应速度很快（每秒 90°），DEOS 浮标设计研究（DEOS Moored Buoy Obserratory Working Group，2000）中规定的每秒 10°以下的运动要求已经达到。然而，需要提高该系统的可靠性，以便系统在无人值守的情况下运行一年。

3.1.2.2　有缆系统

在遥远的海洋中建立有缆观测网络的计划开始于 1990 年夏威夷檀香山会议，当时讨论使用退役电信电缆问题（Chave et al.，1990），1995 年在加利福尼亚拉荷亚（La Jolla）计划建立永久性的海洋观测网（Purdy and Orcutt，1995）。

联合地震学研究机构（IRIS）率先成立了电缆指导委员会和海洋地震台网（OSN）规划工作组（Dickey and Glenn，2003）。直到最近，鉴于电信业的快速发展，似乎只有较老的同轴电缆才会在未来 10 年内退役。然而，带宽需求增长的滞后和新光缆系统可用带宽的大幅增加，导致旧光缆系统在其达到设计寿命之前就将退役。例如，于 2003 年退役的夏威夷-4 号电缆是 1989 年安装的。由于这种情况是最近才发生的，因此几乎没有将这些电缆纳入海洋观测网的规划中。事实上，人们认为新电缆和电缆船的高成本限制了对近海观测网络电缆的使用；OOI 的发展也反映了这一历史。

在全球性观测网络的站点使用海底光缆系统是有益的，因为：

- 其高数据带宽可用于数据传输（250 mb/s 或以上）；
- 具有向用户实时传输大量数据的能力；
- 它们对天气问题的相对免疫力；
- 无须日常维护也能正常工作；
- 它们能向海底设备提供大量持续性电力（kW）；
- 昂贵的岸上连接已经有了许多应用；
- 该技术的高可靠性由商业研究和开发提供。

另一方面，新的海底电缆相对昂贵（根据电缆特性和市场情况，每千米约 1 万美元），尽管这不包括电缆重复使用的问题。另外，长距离安装电缆的费用十分昂贵，且经常需要在岸边敷设电缆并使用电缆敷设船。另外，由于在连接新的沿海观测站时需要向用户提供电力和数据连接，导致新的沿海观测站的造价也很昂贵。

海底有 3.5 万多千米的电-光电缆，其价值相当于 5 亿多美元，而这些电缆将在未来几年内退役，并在随后的几年内有更多的电缆退役。这些电缆与现有岸上电缆站连接，岸上的硬件系统和电缆站可以以很低的成本供海洋观测网使用。这些电缆为海洋学界提供了一个机会，使其可重复使用来支持观测网络。新光缆系统使用的是光放大器而不是光信号再生器，它们具有极高的带宽速率，且可以就地升级，很可能在未来数十年不会退役，而一些老的光学放大器系统安装于 20 世纪 90 年代中期，与新系统相比，带宽速率相对较低，且可能在 10 年内退役。这些系统与中继系统相比电流强度小，因此为观测网络提供的电力也较少。这些电缆在近岸由于受到捕鱼和抛锚的影响，从而对通信产生不利影响。因此，在这些电缆退役后，往往需要将其从大陆架上移除，使得它们无法用于现场观测。当这些老旧的电缆移除后，观测网络再利用电缆的机遇可能会在几十年内消失。

对许多技术、后勤和财务问题需要进行评估，以确定是否适合在任何特定的全球观测网络站点使用退役电缆。然而，在那些电缆可以就地使用或只移动很短距离后仍然可以利用并使用原岸站的情况下，海底电缆可能比使用浮标或敷设新电缆更有优势。这种情况下的安装成本非常低，因为它只需要电缆的恢复和端口连接即可。如果需要对上层海洋取样和测量海气相互作用情况，则可能需要安装海面或水下系泊设施。在 1998 年，人们用大学-国家海洋实验室系统（UNOLS）船只在夏威夷和加利福尼亚之间退役的夏威夷-2 号同轴通信电缆上安装了夏威夷 2 号观测网络（H2O）（见图 3-2）。在技术上将电缆重新定位到一个新的、遥远的位置是可行的，但是这样做需要恢复和中继电缆，并建立一个新的岸上连接。这意味着我们需要申请着陆地点的授权许可、建造岸上设施以及获得岸上电力和数据分发的使用权。在这种情况下，移动和安装二次使用的电缆系统的成本和可行性需要仔细评估，并需要与浮标观测网络的成本、可靠性和资产进行对比分析。初步估计表明，4~8 个观测网络节点可以连接到一根光缆上，并可为每个节点提供高达 1 kW 的电力和 100 Mb/s 带宽。美国国家科学基金会应该任命一个具有专业知识的委员会来评估有关电缆再利用的问题，并就如何最好地将这一潜在的宝贵资源用于海洋观测提出建议。电缆二次利用委员会应处理的一些核心技术、后勤和财务问题包括：

（1）技术问题

- 在不损坏海底光缆和中继器的情况下，从深海中回收现有光缆的可行性；

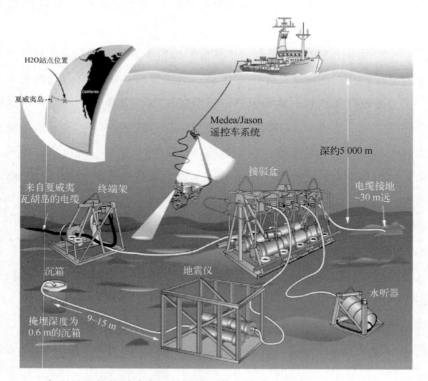

图 3-2　1998 年通过退役的夏威夷 2 号同轴通信电缆建立的第一个深海有缆研究型观测网络——H2O。海底接线盒可为包括宽带地震仪在内的多达六种仪器提供电力和数据通信。本图由伍兹霍尔海洋研究所的杰恩·多塞特提供

- 使用这些系统为观测网提供适当硬件和软件的能力。

（2）后勤方面

- 与已建立电力和通信基础设施的国家合作，在偏远地区建立电缆观测网络的问题。

（3）经济方面

- 长距离挪动电缆需要商业电缆船和专业人员来处理回收的电缆。为偏远地区的观测网络提供高带宽和电力的益处是否足以抵消投入成本；

- 在多数情况下需要对这些电缆进行铠装和掩埋，是否有支撑这些电缆运行的经济能力；

- 使用将被电信行业废弃并可用于未来观测网络的备用电缆设备和电缆的可能性，以及后续责任。

专栏 3-2   全球观测网络的科学和技术准备情况概要

● 人们构建了全球规模型观测网络的一般科学原理，并对单个站点的位置和科学焦点问题进行了很好的规划。

● 尽管声学连接浮标系统在现实环境条件下的性能需要通过海上原型测试进行评估，低带宽、声学连接浮标系统目前在技术上是可行的。

● EOM 电缆连接、低带宽和高带宽浮标系统面临重大的工程开发难题，风险最高的子系统是 EOM 电缆，因为 EOM 电缆在该应用中的预期使用寿命以及海况、海流等因素对其可靠性的影响尚不清楚。C 波段天线系统和无人值守浮标发电系统的性能和可靠性将需要额外的测试和评估。

● 在一些全球、区域和近海的网络站点上，二次利用退役的电信电缆可能对于固定浮标而言是一个非常划算的替代方案。美国国家科学基金会应设立一个具有相应技术和专业科学知识的委员会，以彻底评估这一备选办法的潜力。

● 进一步开发气象传感器提高数据通信和电力供应能力，以适应更恶劣的环境。

● 两个已获资助的原型系统将在未来两年内发挥作用，并开始解决一些难题。然而，在未来两至三年内，工程设计研究、子系统测试、高带宽杆状浮标系统的原型建造和部署将需要额外的资金。

3.2   区域观测网计划

板块构造是地球海洋地壳形成、运动和破坏的缓慢地质过程的结果，这是公认的。地壳的生成沿着环绕地球的巨大的水下海脊系统的顶部进行，而破坏发生在海洋岩石圈下沉回地球的汇聚边界。然而，这些过程仍然没有得到很好的观测：部分原因是它们主要发生在海洋的隐藏区域，部分原因则因为它们在很大程度上属于高度间歇性事件(海底火山活动为地壳构造的例子，俯冲地震为破坏的例子)。要想进一步了解这些地球物理过程，需要在海洋中进行大于构造板块规模的时间序列性测量。一个基于板块尺度的区域观测网络将能够获得所需的时间序列数据。此外，具有实时仪器控制的有缆网络使"交互式采样"成为可能，换句话说，即在重大事件发生的时间和地点重新部署采样资源。

　　虽然最初主要侧重于诸如热液喷口生物群落研究等地球物理活动，但其他研究也确立了对海洋学其他分支的重大贡献，这些贡献来自区域尺度观测网络的时间和空间分辨率特性。建议的用途包括研究大陆坡稳定性、海底甲烷沉积以及确定海洋环流的长期变化。有缆观测网络的高功率和高带宽对于涉及的海洋物理环境及其嵌入的海洋生态系统之间相互作用的研究特别重要，不仅具有重要性，而且鉴于气候变化的迹象，也具有特殊紧迫性。

　　评估区域尺度有缆观测网络的实施准备情况，需要考虑已确定的科学机遇的规划是否成熟，以及技术挑战在多大程度上已经或可能在不久的将来得到解决。

3.2.1　科学规划现状

　　高时间分辨率技术往往带来独特的科学机遇，根据各种基础广泛的业界研讨会和一系列近期报告（见附录 C），只有有缆观测网络才能提供长期的海洋测量数据，这一观点已经广泛记录在案。《新千年海洋科学》（National Science Foundation，2001）的报告确定了六个很可能在未来十年，为海洋发现和探知提供最重要、最有前途和最令人兴奋的跨领域的海洋科学研究主题（专栏 3-3）。

专栏 3-3　区域观测网络可解决的跨领域科学主题
(National Science Foundation，2001)

- 岩石圈和地球内部的动力学；
- 海洋地壳中的液体和生命；
- 沿海海洋演变过程；
- 湍流混合和生物物理的相互作用；
- 生态系统动力学和生物多样性；
- 海洋与气候/生物地球化学循环。

　　《照亮隐藏的星球：海底观测科学的未来》（National Research Council，2000）的报告在这些主题下确定了主要的科学问题，地理上的、长期的时间序列观测对于研究这些问题有用或者十分有用。最近的时间序列科学有缆观测计划研讨会报告详细记录了这些主题中的具体科学问题，并提议最好使用有缆海洋观测网的优势来解决

（Dickey and Glenn，2003）。在美国和加拿大的东北太平洋时间序列海底网络实验（NEPTUNE）板块尺度观测网络的早期科学规划中也发现了许多这样的问题（NEPTUNE Phase 1 Partners，2000；NEPTUNE Canada，2000）。区域尺度的观测网络将补充全球观测网络的不足，并提供时间和空间分辨率更高的数据，以解释上述各跨学科科学问题。

虽然区域尺度观测网络的一般科学依据可从上文所述的报告中确定，但对于那些关键且依赖于有缆基础设施而非主题性的科学目标而言，详细的规划才刚刚起步。应该举行更多的学科和跨学科的团体研讨会，以确定"前期"科学问题和创新实验，这些实验有可能在区域尺度观测网络运行的前几年产生令人鼓舞的科学和教育成果。这些研讨会不仅应该为这些科学问题提供定义，而且还应指定科学家期望作为观测网络基础设施一部分的仪器，以及每个实验地点所需的测量组合。

3.2.2　技术、工程发展及规划现状

有缆观测网络可以使用现代通信电缆网络来支持海底以及水体内的各种仪器。一个区域尺度的有缆观测网络设施可能包括数千千米电缆、几个岸站、许多科学节点，以及可能的多回路电缆拓扑结构和分支。这些元件将共同提供：①配电系统；②指挥控制、数据传输、精确定时的通信网络；③用于长期核心传感器和团体实验的连接，以及短期实验专用传感器。

虽然海底电信工业发展的技术和方法为区域海底有缆观测网络提供了坚实的基础，但与已提出的 NEPTUNE 系统相比，这种系统比较简单。这种海底有缆观测网络复合系统的设计和实现带来了许多额外的技术挑战（NEPTUNE Phase 1 Partners，2000）。

商业水下通信业的核心思想是将数据从一个岸站传送到另一个岸站。相比之下，海底观测网络必须从分布在整个海域以及海面以下和海底的传感器中收集数据，并将这些数据发送到岸上，同时能够实时控制电力和各种仪器。这些需求要求具备挑战性的技术能力，包括：

- 分支：要求构造任意拓扑结构（马刺、圆环、网格等），以优化采样阵列设计，允许日后增设电缆，应付不断变化的科研难题，并在路由信号和电力方面提供足够能力，从而提高系统的可靠性；
- 水下节点：高度可靠的接线盒，可将信号和电力在主电缆之间传输；
- 电源：能够为电缆上的多个节点提供不同的时变功率；

- 通信协议：能够在电缆的每个节点上添加和删除双向信息；

- 即插即用仪器：标准化科学仪器接口，动态网络检测（添加/删除/替换）变更的传感器，自动向传感器文件添加必要的元数据，自动将新传感器数据添加到归档流；

- 精确的时间基准：高精度的时间基准，这也是某些类别的实验所需要的；

- 故障检测/隔离/恢复：及时检测（如果可能的话，减轻）单个系统组件中的故障，以便故障部件不会影响到整个系统；

- 命令/控制功能：允许单个科学仪器或实验的"所有者"以合理透明的方式控制其操作方法，同时保护其他已部署的仪器和实验以及网络本身。

区域尺度观测网络的技术规划主要是在 NEPTUNE 项目框架内进行，这是一个拟议的美国/加拿大板块级联合观测网，它有约 3 700 km 的光纤/电力电缆，环绕和穿越太平洋东北部的胡安·德·夫卡构造板块（见图 3-3）。在电缆沿线约 30 个节点上建立的实验场将用于研究地质、物理、化学和生物现象，在观测网络的 30 年使用寿命内，监测这些现象在不同的空间和时间尺度上发生的变化。因此，空间和时间尺度需求都大大超过了在海洋中进行的其他所有科研活动。由于 NEPTUNE 面临的科学和技术挑战将出现在关于区域观测网的任何备选方案中，我们将借用 NEPTUNE 技术规划过程的结果来为下面的讨论提供必要的细节（NEPTUNE Phase 1 Partners，2000），以讨论成功实施区域尺度观测网络所需的主要工程研发领域。这些领域包括供电、数据传输、通信控制和定时、数据管理和存档以及传感器。

3.2.2.1 供电

NEPTUNE 项目正在考虑两种电力分配方案。第一种选择是基于 2000 年美国 NEPTUNE 项目可行性研究的结论：在跨洋通信电缆中交流电源和恒流串行直流电源系统均不适用于海底电缆观测网络。该可行性研究的结论是：由多个节点组成的系统（每个节点都具有时变的电力需求），最好由一个能够为每个科学用户提供恒定电压的并联直流系统来提供支撑。在每个节点，高压（6~10 kV）直流电源将转换为科学用户使用的 400 V 和 48 V 电源。为提高可靠性，每个节点都设计了重复、交叉串联式电源。即便如此，系统对单个组件的性能要求仍然很高。

第二种选择是通过在分支单元中引入断路器来减轻这一问题的困扰。在分支单元中，人们将连接到节点的分支与主干电缆串联，在节点或其分支电缆中发生故障时，该节点将会被隔离，不会影响系统的其他部分。这种系统在不影响其他节点的

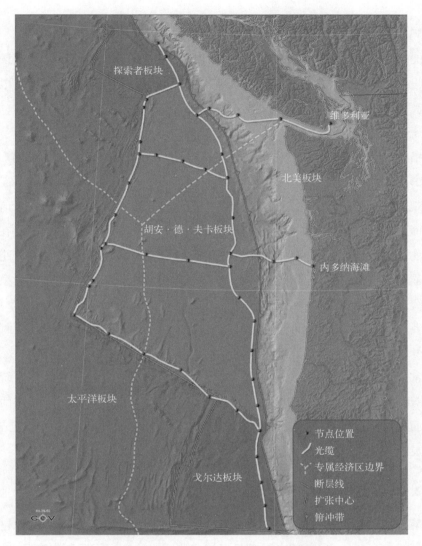

图 3-3　NEPTUNE 主干电缆结构和主要海底节点。该网络为美国和加拿大合作的国际性大尺度海底观测网络，横跨英属哥伦比亚省、华盛顿和俄勒冈州西海岸的胡安·德·夫卡板块。本图由华盛顿大学环境可视化中心制作，并由 NEPTUNE 项目提供

可用性或可靠性的情况下，可以减少系统对单个节点可靠性的依赖（甚至可以根据当地的科学需求对整个网络进行调整）。最近对第一种方案的概念设计进行了审查，其结果可以在 http：//neptunepower. apl. washington. edu 上查询。在不久的将来，人们将完成这两种方案的对比分析（这两种方案都共享了大部分硬件和控制特性），并将通过实验室和现场测试原型硬件做进一步测试。

3.2.2.2　通信、控制和定时

2000 年，美国 NEPTUNE 项目的可行性研究基于敷设一条新的、定制设计的电缆的假设。该研究得出的结论是，将因特网扩展到深海，将能更好地满足电缆科学研究观测网络的双向通信和交互性要求。在美国国家科学基金会的支持下，伍兹霍尔海洋研究所与思科公司合作开发了一个千兆以太网系统，该系统将为多节点有缆观测网络提供通信支持，每个节点将具有打包和添加/删除传输功能，使用户能够控制他们的仪器，检索数据，并访问具体的时间信号（该信号将以 1 ms 或更高的精度对所有观测结果进行时间标记）。节点路由器也将作为沿电缆移动的光学信号放大器，从而减轻对昂贵的光学放大器的需求。该通信系统的当前研发状况已在概念设计报告的草案中进行了描述。NEPTUNE 可行性研究完成后，跨洋电缆工业发生了实际性崩塌，这最初使人们产生了一种希望，即可以以较低的成本获得剩余的常规海底电缆，尽管现在看来事实并非如此。这类电缆的使用，包括嵌入式光学放大器，将不需要以大约 100 km 的间隔空间节点来放大光学信号，它开启了从一组稀疏的初始节点开始的可能性（这些节点可以随着科学需求和资源的增长而增加）。然而，以太网和常规水下通信协议的结合明显增加了工程复杂性，而且这种替代系统的成本可能比 NEPTUNE 项目原来的电信设计成本高出很多。目前人们正在对这两种方案进行全面性对比分析，并将成立一个独立的专家小组，根据其生命周期、成本、可靠性、灵活性和可扩展性进行评估，并做出最终的设计方案。

3.2.2.3　数据管理和存储系统

坐落于不列颠哥伦比亚省维多利亚市的加拿大国家研究委员会赫茨伯格天体物理研究所领导了拟议的 NEPTUNE 项目区域观测网络的数据管理和存储系统（DMAS）规划，该系统是哈勃太空望远镜的三大数据库之一。概念设计研究整合了来自天文学界在大数据流方面的经验。这些经验包括：

- DMAS 数据管理和档案必须以科学为导向；
- 仪器及观测网络控制系统的设计必须支撑数据管理需求；
- 数据和元数据的收集、打包和检验自动执行；
- 数据必须同时送达首席研究员（PI）和存储中心；
- 质量控制过程的自动化应以实际经验为基础；
- 数据存档应该允许公众和特权人士查阅各种数据流。

区域有缆观测网络所面临的另一个主要挑战是各种仪器组合所产生的异构数据类型，以及同时支持多项实验的需求。我们将汲取这项设计研究原型提供的宝贵经验，并计划在加拿大资助的试验台观测网络——维多利亚海底实验网（VENUS）中实施。作为实施计划的一部分，加拿大 DMAS 的规划人员与蒙特利海湾研究所的工程师密切合作，开发科研仪器的接口模块。这些接口模块将用于科学仪器和深海电缆的节点之间，两者都将向数据流中添加必要的元数据，并允许网络识别新安装的设备并接收数据。

3.2.2.4　测试台

除了上述技术问题，从目前的海洋研究技术过渡到有效利用区域有缆观测网络，还涉及其他重大技术性挑战。科学家必须掌握如何设计、安装、操作和恢复复杂的实验，而工程师必须就具有挑战性的操作环境设计、构建，测试和安装新的硬件。信息管理人员必须学习如何使用众多不同类型的海量数据流。而操作人员必须学会如何安装仪器，如何在最短的停机时间内为数据提供维护，如何保护网络不受众多仪器故障的影响，如何保持高可靠性的网络运行，如何在发生故障时快速恢复服务以及如何根据需要为用户提供实验交互的能力。人们普遍认为，技术上的挑战最好通过测试台来解决（测试台是一系列电缆系统，将积累必要的经验，以实现区域电缆观测网络的全部潜力）。

目前正在开发两个测试台系统，以支持区域规模性海底观测网络的建设。

（1）维多利亚海底实验网

VENUS 项目将在萨尼奇湾敷设一根短的单芯电缆，这条电缆有多个节点，横跨胡安·德·夫卡海峡的加拿大部分，并将在温哥华以南的乔治亚海峡中部敷设另一根电缆。除了为研究人员提供不同的海洋环境，VENUS 还将为区域观测网络提供各种技术的早期测试机会，其电缆将采用船用工业标准，中心芯钢管包含八根光纤，周围环绕钢丝，并配有一套铜导电护套和绝缘材料，将由具有丰富水下通信经验的商业实体进行安装。按照计划，VENUS 项目将使用 NEPTUNE 项目的主要动力系统组件，VENUS 项目的通信系统将使用专用光纤和商用硬件，将每个科学节点直接与岸上设备相连。在可能的情况下，科学节点和科学仪器接口模块（SIIMs）将使用正在为 NEPTUNE 项目和蒙特利加速研究系统（MARS）项目开发的设计和组件。VENUS 数据管理系统将由赫茨伯格天体物理研究所的数据管理人员根据 NEPTUNE 项目可行性研究的初步规划实施。

　　在相对较浅的水域和相对较短的电缆上安装的 VENUS 观测装置，将测试区域尺度观测网最终建设所必需的以下组件：

- 单芯多节点电缆；
- 电力系统；
- 通信系统（简化版）；
- 数据管理系统；
- 节点设计组件；
- SIIMs 设计组件；
- ROV 的安装和维护。

　　（2）蒙特利加速研究系统

　　由美国国家科学基金会、大卫和露西尔·帕卡德基金会资助的蒙特利湾海洋研究所将在蒙特利湾蒙特利峡谷附近安装一个电缆试验台。该项目将把 VENUS 项目的经验扩展到更长的电缆（62 km）和更深的水域（1 220 m），并在距主干电缆几千米远的地方测试一个支路拓扑结构，其中包括一个支持"延长线"的分支节点。在这种环境下，试验台将进一步测试 MARS/NEPTUNE 工程组提出的直流电源和通信系统。①使研究人员习惯于使用伴随区域规模安装的节点类型、SIIMs 和数据管理系统；②为大型区域观测网络的操作人员和用户提供所需的关键经验，以培养操作技能（基于 ROV 的安装和维护、系统故障响应、修复以及系统控制）；③向教育和公众参与组织提供实时数据和存档数据。VENUS 项目和火星项目都没有规划网格（带有分支和回路）电缆拓扑结构的水下测试，也没有就 NEPTUNE 项目为区域尺度观测网络规划高压和电流测试。

专栏 3-4　区域观测网络的科学和技术准备情况概要

　　以 VENUS/MARS/NEPTUNE 为代表的区域尺度观测网络的科学和技术准备状况可概括如下：

- 得益于大量以团体为基础的规划会议，一些一般性和其他特定的资助（VENUS、NEPTUNE 和 MARS）和拟议的海底观测网络，现在已经建立了一般性科学理论。

- 有必要进一步确定整个区域网络的具体科学项目，并在具体站点设计一系列具体实验。

- 技术上的挑战在实际的实验中正在逐步解决，而电力和通信系统的替代设计方案已经完成。所有这些替代方案都与现有的海底系统有很大的不同，因此它们都是重大风险和重大前景的来源。
- NEPTUNE 项目使用了多个节点和网格拓扑，其大规模有缆观测网络是一项重大尝试。
- 两个获得资助的试验台系统将执行阶段性实施计划中的第一步；然而，目前还没有针对网格拓扑结构的测试平台，也未就区域型有缆观测网络规划高压和电流测试平台。

3.3　近海观测网计划

沿海海洋长期采样不足的问题十分严峻，因为越来越多的证据表明，人类活动正在通过改变泥沙沉积、侵蚀模式、营养分布、微生物食物网结构和渔业来改变沿海水域（Hallengraeff，1993；National Research Council，1995；Jørgensen and Richardson，1996；Rabalais and Turner，2001）。未来几十年，随着沿海地区的发展，这些人为因素导致的变化将会增加，而气候变化和全球海平面上升将会加剧这些变化。不幸的是，近海水域的研究工作因基础设施短缺和后勤限制而受阻，科学家需要测量影响沿海演变过程的整个时间跨度（从几秒到几十年）和空间范围（从厘米到千米）。学术界的共识是，传统的监测战略不足以研究众多具有社会意义的沿海演变进程（Thornton et al.，2000；Jahnke et al.，2002）。

为了克服这些数据采样的缺点，沿海海洋研究界一直在进行跨学科研究，重点是开发综合观测技术。海洋科学目前正准备解决有关沿海生态系统的时空侵蚀和变化等一系列紧迫的问题，这些技术扩大了观察海洋现象的范围，并使人们有可能在以前不可能的时间和空间尺度上确定和研究各种进程。此外，这些设想的系统为跨学科的现场实时交互观测提供了机遇，允许自适应采样，并向众多与海洋有关的用户组提供有用的信息。沿海研究团体认识到，为了充分发挥这些新的观测系统的潜力，将对沿海环境的了解提高到一个新的认识水平，团体需要占用其中许多资源和后勤费用以利于多学科研究。

3.3.1　科学规划现状

得益于近十年来美国国家海洋合作计划（NOPP）、美国国防部海军研究局、美国国家海洋和大气管理局赤潮生态学研究项目和美国国家科学基金会近海海洋过程计划（CoOP）进行的综合研究工作，我们对 OOI 的近海部分进行了科学规划。在美国国家科学基金会主办的两次研讨会上，人们综合性地提出了沿海海洋的许多核心科研问题：沿岸海洋演变过程与观测网络，沿海研究与时间序列型有缆科学观测网络（Dickey and Glenn，2003）。此外，《近岸演变过程的研究状况》（*State of Nearshore Processes Research*）详细阐述了近岸演变过程的研究现状和业界对未来近岸研究策略的共识（1998 年研讨会）（Thornton et al.，2000）。最后，正在设计国家业务化综合及持续海洋观测系统（IOOS）的美国海洋局在"建立共识"中强调了近海观测网络的许多技术问题：《迈向综合及持续的海洋观测系统》（*Toward an Integrated and Sustaied Ocean Observing System*）（专栏 3-5）。

专栏 3-5　在最近的近海观测网络报告中确定的科学主题

近海海洋过程：交叉性科学问题包括近海海洋和大气之间的天气相互作用，以及河流的浮力、营养物质、沉积物和毒素对近海海洋的物理、化学、生物、地质和地形的影响。应侧重研究近海生态系统内可能发生的重大变化并量化极端事件的重要性。

海洋地壳中的流体和生命：有关海洋中的流体和生命的例子包括表层以下生物圈变化的驱动因素，海底生物对孔隙流体化学、循环或通量的影响，以及化学合成过程中生物物质的产量。

湍流混合与生物物理相互作用：这类问题包括湍流影响初级生产力的方式；浮游植物群落结构；海雪（浮游生物雪）的形成、溶解和输出；以及底栖生物群落结构。这些演变过程对沿海海洋研究而言特别重要。

沿海生态系统动态与生物多样性：此类问题包括底栖和中上层生物水体对水文变化、深海热液喷口和边缘冷泉的热液活动的反应，以及人类活动对微生物、渔业和海底群落的影响。

　　海洋、气候和生物地理化学循环：工作重点是了解和预测气候变化和变异对海洋大陆架的影响。这一领域的研究对于量化沿海水域碳循环的重要性及其在全球碳预算中的重要性至关重要。这个问题还需要量化生物地球化学循环的长时间跨度序列内的事件。

　　虽然所有这些报告都同意 OOI 将为我们了解和观察海岸演变过程提供新的工具，但目前还没有就解决这些报告中所确定的主要科学问题的观测技术和方法的最佳组合达成明确的共识。这些方法中包括可重新部署的系泊浮标和雷达阵列（先锋阵列）、有缆观测网络和固定的永久性系泊系统（Jahnke et al., 2002）。下面将在跨学科沿海研究的多层面、多维度方法的背景下讨论这些不同的技术方法。

3.3.1.1　先锋阵列

　　可重新部署的观测系统将为沿海研究界提供一种灵活的观测能力，使其可在 100~300 km 的重点区域内收集高分辨率、天气尺度的测量数据。全观测网络系统被称为先锋阵列，包括一系列提供实时数据的自主水面和水下系泊系统。该系统将与陆基、多静态、高分辨率的地面雷达相结合，并与其他可用的遥感（陆基、机载和卫星）数据流集成。由于沿海演变进程随地点的不同而变化很大，设计这样一个可重新部署的观测网络的目的是提供一个在地理位置上不永久固定的基础设施。例如，为了增加对近岸过程的认识，需要研究宽大陆架和窄大陆架上的海滩，这不仅仅是因为入射波和海流条件的不同，还因为这样可以增加对不同类型海滩演变过程的认识（砂质、卵石、泥质底材；开放型的海岸地形和保护型的口袋地形）。

　　CoOP 会议的与会者提议用先锋阵列作为手段，通过向不同地理位置的科学家提供可用资源，使更广泛的沿海科学界受益，从而允许研究团体通过同行评审，为具体演变过程的研究确定最佳地点。先锋阵列的地理灵活性类似于一艘停泊数年的船，可以提供 20~40 个实时海岸浮标阵和高分辨率海岸雷达的多静态阵列数据。加上其他可用的遥感仪器的输出，先锋阵列将提供可供数据同化模型使用的连续、一致性数据流。最后，利用先锋阵列进行演变过程的研究，可以为确定长期时间序列观测站系泊的最佳位置提供依据。

　　尽管还需要后续的技术研究来对抗生物及捕鱼活动对系统所造成的损失，但先锋阵列系泊方面所需的技术已经成熟。由于总体目标是为跨学科研究提供一个取样条件良好的海洋，浮标上的传感器阵列将引入已投入使用和尚未投入使用的 IOOS

仪器，但也将提供灵活性，以集成更多的实验仪器。这种灵活性使 OOI 系统能为 IOOS 主干网创新组件。CoOP 研讨会报告建议，作为面向过程研究的 OOI 的一部分，在美国沿海地区建立三个先锋阵列。

近年来，海面流场遥感雷达技术在科学界得到了迅速发展和认可。像卫星一样，雷达提供了海面流场的二维图，以便进行空间集中采样工作。在全国多个地点布置的远程实验系统，可以以 6 km 的分辨率测量 200 km 范围内的海面流场。更高分辨率的系统可以为 40 km 范围的区域提供分辨率为 1.5 km 的径向海流矢量估测。IOOS 的一些人员提议建立一个由这些远程雷达系统组成的全国性网络，为科研、商业航运和美国海岸警卫队提供支持。然而，这个 6 km 分辨率的网络缺乏足够的分辨率，无法满足与沿海海洋研究有关的众多尺度需求(0.5~2 km)。沿海应用需要持续的工程投入和研发，在给定成本、占地面积以及分辨率的基础上优化雷达测量。

3.3.1.2　沿海有缆观测网络

多年来，有缆观测网络已经成功地部署在几个沿海地区。其中，有长期生态系统观测网络(15 m 水深)(LEO-15)、北卡罗来纳州达克的野外研究设施(FRF)和玛莎葡萄园岛海岸观测网络(MVCO)(见附录 D)。这些系统提供了超高带宽速率和显著的功率。它们的数据采集系统有多个用户端口，可接入多种仪器。在这些系统中，岸上设施通过双绞线或光纤电缆遥测数据。MVCO 是最近部署的沿海有缆系统，它由早期 LEO-15 系统的原班团队设计和建造。MVCO 的通信是通过商用千兆以太网交换机进行，而这些交换机通过一对光纤进行回岸通信。MVCO 节点可支持仪器设备、客户端管理系统的串联及以太网连接，回岸链路传输速率可达 Gb/s 级。在过去的两年中，其通信电子设备运行得非常可靠。科学家可以很轻易地连接仪器，并通过互联网收集数据，还可以通过观测网络网站上提供的授权服务来监控其仪器。

沿海有缆系统的主要优势是传感器的供电能力(如果将传感器部署在自主系泊浮标上，传感器的数据采集效率将受到限制)，这一特性大大增强了沿海海洋研究团体在大范围时间尺度内(从几秒到几十年)获取天气数据的能力。因为小型船只和潜水员可以很轻易地为有缆观测网络提供维修服务，有缆观测网络可以像先锋阵列一样为新仪器提供测试平台。时间序列科学有缆观测网的报告强烈主张使用有缆观测网络进行海岸研究。

3.3.1.3   长期固定系泊设施

近海观测系统的第三个重要组成部分是一个固定的阵列。长期系泊设施主要用于测量关键的物理、化学和生物参数及其长期变异性，以探测未来几十年沿海海洋环境变化中的微妙而重要的趋势(图3-4)。的确，为基础研究建立海底观测网络的主要理由之一是推动海洋学的发展，使之超越以船为基础的远征方法，以便获得对关键海洋参数的长时间序列测量(National Research Council，2000)。为了覆盖美国沿海海洋和五大湖的重要区域，可能需要在20~30个地点建立这样的长期观测网络。CoOP研讨会讨论了长时间序列数据采集的问题，并得出结论认为：IOOS近海骨干系统可以在沿海地区为科研活动提供必要的长期观测支持。然而，作为一个有用的研究平台，IOOS骨干系统或"哨兵"系泊设施可能需要比目前设想范围更大的仪器组件(例如二氧化碳分压传感器、时间序列沉积物捕集器)。如果OOI的近海部分按照CoOP和SCOTS工作组报告中的建议，被限制在先锋阵列和有缆观测网内，我们可能会错过在大西洋、太平洋和墨西哥湾沿岸以及五大湖建立长期、连续性观测网络的重要机遇。海岸研究界显然需要确定观察沿海海洋长期变化所需的关键参数和关键地点的最低限度清单。此外，科研团体应在设计和实施IOOS系统方面发挥积极作用，以确保沿海常设"哨兵"系泊设施的布置及其仪器设备能满足海洋团体的业务和研究需要。

图3-4   在蒙特利湾启用的长期固定海岸系泊设施。十多年来，这些浮标提供了关于海面温度、盐度、叶绿素浓度和其他数据的详细信息。其数据来自安装在浮标和悬挂在浮标上的传感器，并通过无线电发送到岸上。本图由维克多·库瓦哈拉提供，版权归MBARI所有

3.3.2 技术、工程发展与规划现状

目前，近海海面、水下系泊和沿海有缆观测网所需的技术相对成熟，能够为 OOI 提供直接可用的研究成果（专栏 3-6）。目前，在美国沿海多个地点使用海面浮标观测站是可行的，但不一定是一个具有成本效益的设计方案，因为沿海浮标更容易维护。由于沿海水域的生物污染率很高，腐蚀速率也很高，高波浪应力会大大缩短系统寿命。加之沿海地区有频繁的人类活动，这将不可避免地对系统造成损失，大多数情况下是渔船造成的。

沿海浮标提供的服务能力通常是高性价比的，另外还可作为测试新研发仪器的平台。虽然来自远洋站点的数据遥测常常是一个问题，但沿海站点可以将视距范围内的无线电调制解调器、手机和"铱星"卫星链接结合起来，以进行实时数据传输。成功收集物理、生物和化学数据的集成传感器组件已经在加利福尼亚和俄勒冈海岸以及缅因湾进行了试点性部署。

传统的沿海雷达站是单站式的，由发射和接收天线组成。这些天线一起工作，以测量发送到海洋表面的信号的散射情况。由于这些系统使用发送信号的相位来解释来自接收机的信号，因此要求发射机和接收机物理连接。然而，使用全球定位系统（GPS）卫星定时信号应能在接收机处合成发送的信号，使发射机和接收机物理分离，并将单基地后向散射系统转换为双基地前向散射系统。这种合成方案增加了系统的占地面积，并可使发射机安装在系泊系统所在地。此外，GPS 定时技术可使发射机和接收机在单基地和双基地模式下以相同的频率同时工作，并使其形成一个多基地雷达阵列。多站操作提高了分辨率，降低了近岸精度误差的几何分布，并相应减少了需要购买的昂贵单站系统的数量。例如，在该系统中，多个位置的离岸点的总海流矢量的预期误差将显著降低，因为它们包含了 N^2 而不是 N 个分量的估测。可用点数目越多，意味着所使用的总矢量计算中的平均半径就越小，网络就能够更好地解决前沿问题。这些发展对于沿海研究工作是必要的，因为有效地解决海流问题是成功的关键。雷达阵列的潜力已在过去五年得到了证明，OOI 将允许开发和部署高分辨率的多静态阵列，它将成为近海海域收集相关海表海流数据的理想平台。

专栏 3-6 近海观测网络的科学和技术准备情况概要

基于研究型近海观测网络的科学和技术准备的现状可概括如下：

● 近海观测网络的科学理论依据已得到很好的发展。

● 显然，目前该构想迫切需要可重新部署的观测网络、有缆观测网络和长期系泊系统达成研究界的共识。

● 目前，先锋阵列和沿海有缆观测网络所需的技术相对成熟，能够为 OOI 提供立即可用的科研成果。

● 由于腐蚀、生物淤积、人为干扰、泥沙运动和波浪应力等因素，沿海海洋的部署条件面临着极大的挑战。在设计下一代近海观测网络时，建议利用较老的近海观测网络探索用于解决这些问题的方法。

4　研究型海洋观测网的实施

要成功实施研究型海洋观测网，必须解决许多问题，其中有些问题还很复杂。以下各节讨论了许多相关问题，包括项目管理、基础设施和传感器需求、影响施工和安装的因素、运营和维护、数据管理、教育和公众参与等。制订海洋观测网全面实施计划超出了本报告的范围，本章的目标是在计划中处理一些最重要的问题。观测网络管理组织的第一项要务，如下文所述，是为海洋观测计划（OOI）的三个主要组成部分分别制订详细而全面的项目实施计划，并由知识丰富的专家审查这些计划。

4.1　项目管理

虽然 OOI 正式启动于 2006 财政年度，但在这期间必须进行大量的准备工作，如制定详细的（节点级）科学规划、进行技术开发和对核心观测网络子系统的全面测试。这些措施将确保：①将较先进观测网络系统的建造及安装所带来的风险降至最低；②确定各个节点上的早期科学实验，以便在观测网络就位后获得前期的科学回报；③科研人员、教育工作者和公众可以随时获取所生成的数据。因此，应尽快建立一个管理组织，而且应早于 OOI 项目建成。

4.1.1　管理组织的目标

发展海洋研究型观测网络的初始投入将超过 2 亿美元（National Science Foundation，2002）。仅仅因为这个原因，管理系统将受到美国国会、美国国家科学基金会高级管理层、美国监察长和海洋科学界（他们担心其他项目会被削减以弥补观测费用的超支）以及国际合作伙伴的严格审查，他们必须消除各自资助机构的担忧。因此，管理组织的首要任务应该是：

- 为 OOI 制订详细的实施计划；
- 编制具有弹性的成本估算；

- 建立监督机制和财政控制，确保按时在预算内完成执行任务；
- 建立科学技术咨询机构，了解业界意见；
- 与国际合作伙伴合作，整合互补性国际项目。

4.1.2　设计、施工和安装阶段

在科学规划和观测网络安装方面，管理结构将监察以下事宜：
- 定义科研绩效目标(基于广泛的业界讨论)；
- 编制年度计划和预算；
- 监察观测网组件的设计、开发和制造，并为这些工作选择承包商；
- 选择安装观测网络系统的承包商；
- 选用有经验的人员对承包商实施监督；
- 管理责任问题；
- 促进标准规范的制定和实施(例如，用户授权标准；通信和定时接口；需要的元数据；系统、子系统和部件可靠性；信息管理与归档)；
- 促进系统的无缝集成；
- 确保 OOI 观测资料的可比性及互相校正性；
- 确保国际合作的科学和技术组成部分得到有效协调。

4.1.3　运营阶段

随着观测网的运营，管理结构必须承担下列新任务：
- 选择观测网运营商，并制定相应的检查程序；
- 管理运营、维护及行政预算；
- 确保以公平和一致的方式访问观测网；
- 确保观测网的基础设施能够支持最高质量的科研活动，并为研究人员提供最佳的技术支援，包括以符合设施安全、有效运作的最低成本进行校准的传感器和仪器；
- 在观测网的运营、维护和加强观测网基础设施之间建立适当的预算平衡；
- 确保该项目具有强大而创新的教育和推广项目。

4.1.4 运营理念

OOI 管理结构的理念应该是，由具有适当科学和技术专长的实体(学术团体或商业机构)负责不同组成部分的日常运营。项目管理组织的作用应是协调、监督、财务和合同管理。管理结构将需要与科学界合作，选择、支持和定期评估"团体"实验状况；确定准入要求；为个别研究人员发起的实验提供技术支持；促进教育和推广获取选定的数据流和产品的机会；为未参与部署实验但需访问数据库和档案的科学家制定协议；与其他用户(如营利性娱乐行业和增值企业)洽谈访问协议。观测网络的运作规则必须兼顾科学界、有意向使用或支持使用这些设施的机构、国际合作伙伴和合作者以及包括公众在内的其他用户的需要。

4.1.5 拟议的管理模式：角色和职责

图 4-1 为能够处理上述目标和问题的管理组织示例。该结构根据美国国家科学基金会与地球和海洋系统动力学(DEOS)指导委员会开发的管理结构草案修改而成，并以国际大洋钻探计划(ODP)的成功管理结构为模型。

ODP 管理模型管理了一个复杂的项目，该模型已经运用三十多年，已显示出自己的灵活性和对不断变化的环境做出反应的能力。与此同时，该模型十分稳定，它能使多项计划长期运行。这个模型虽然为 OOI 提供了一个很好的起点，但它并不完全符合 OOI 的实际情况，因此我们对其进行了修改。以下为主要区别：

• ODP 的结构往往倾向于规定性的技术要求，而 OOI 则需要根据性能要求而运行，因为 OOI 由众多使用多种技术的独立观测网组成，以达成不同的目标。此外，OOI 系统的不同部分在任何给定时间内都将处于不同的开发阶段。

• ODP 在很大程度上采用了石油勘探行业开发的标准技术。OOI 将利用更先进的技术专门为海洋观测网进行改进，并可能更侧重新技术的开发。因此，OOI 的技术咨询和管理结构将需要专业知识来监管先进系统和工程发展项目的运作。

• 美国国家科学基金会(NSF)是美国唯一一个为 ODP 提供持续支持的机构。OOI 很有可能在联邦(甚至州)一级拥有许多代理支持人员，特别是在运营阶段。这些机构中有许多可能只对支持几个观测网或某一观测网感兴趣。

• 在 ODP 中，所有国际运营资金通过 NSF 流动，并以一个单一的混合资金池进

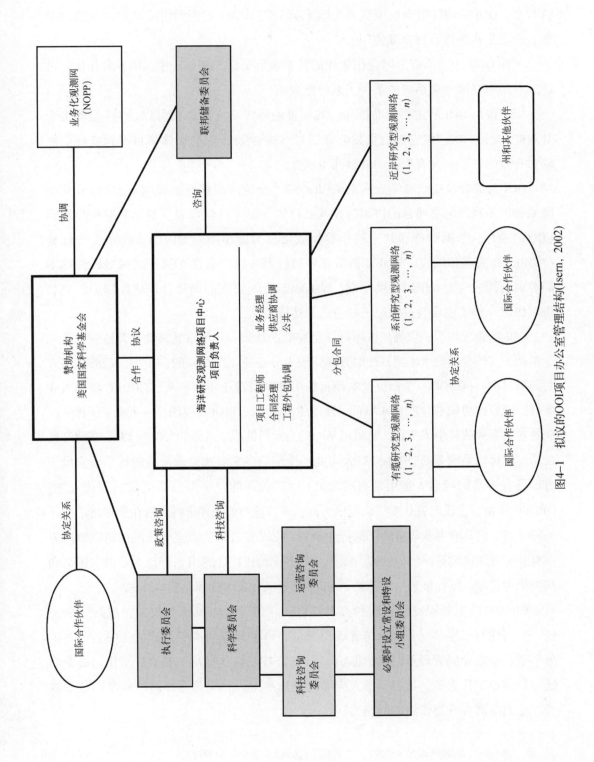

图4-1 拟议的OOI项目办公室管理结构(Isern, 2002)

行管理。OOI 的国际资金由项目参与国家决定用于单个观测网络或特定的观测网类型，而不是作为混合资金池使用。

    ●在 ODP 中，所有国际合作伙伴都属于整个项目。在 OOI 中，国际合作伙伴可能只对参与观测网络系统的某一子系统感兴趣。

    NSF 将是 OOI 的主要资助机构。其他资助海洋研究的机构可以选择（当然也十分欢迎）支持 OOI，但它们的捐款应该通过 NSF 执行，以确保该项目得到良好的协调和有效的管理，并有明确的财政问责制度。

    OOI 与综合及持续海洋观测系统（IOOS）、全球海洋观测系统（GOOS）以及其他国家和国际观测网络项目的协调将在基础设施开发、仪器仪表、船舶和遥控潜水器（ROV）使用、数据管理和技术转让等领域发挥关键作用。美国国家海洋合作计划（NOPP）作为联邦机构、学术界和工业界的协调机构，应在支持观测网络研究的不同美国机构之间为本组织提供便利。NSF 将负责与潜在的国际合作伙伴制定相应的协调协议，协议也可通过双边谅解备忘录达成。

    OOI 的管理结构必须确保该项目符合 NSF 的政策和程序以及其他联邦法规。让一个单独的实体全面负责本项目的财务和管理十分必要。在 OOI 的例子中，让海洋研究观测项目中心（OROPC）全面负责本项目的财务和管理也十分必要。OROPC 将与 NSF 签订一项合作协议来管理 OOI 项目。在理想情况下，OROPC 应该是一个基于团体的组织并对其服务的科学界负责。它可以是专门为此目的成立的新的"501（c）3"①非营利性公司，也可以是现有的"501（c）3"公司的一个部门，它应在管理复杂的技术研究设施方面具有丰富的经验。选用现有的"501（c）3"公司的一个部门是拟议的替代方案。OROPC 将由一个政府管理委员会提供咨询，该管理委员会成员将包括在管理复杂海洋工程项目方面具有专业经验的资深行业领袖，以及在管理负责主要设施的研究财团方面具有专业知识的科研机构领袖。除了它的咨询构想，还将引入审计人员以向国会和高级机构管理人员提供独立的、关于 OROPC 财政和技术管理业绩的评估。

    OROPC 的主要职责是协调和方案监督。它的工作人员相对较少，包括一名主任、一名项目工程师、一名数据管理协调员、一名教育和推广协调员、一名公共事务干事、一名合同管理员（或类似人员），以监督订约和支持年度审计工作，必要时还包括其他工作人员。项目负责人应通过竞选产生，并应具有极高的科学和技术素养，他们应具有管理该组织的能力。

——————————

    ① "501（c）3"是美国税法的一个条款，主要是关于志愿者组织免税的内容。

OROPC 将由一个由科学和技术领导人组成的执行委员会提供咨询，该委员会将侧重于政策问题，并由一个科学委员会提供咨询意见，该委员会根据需要设立常设和特设小组委员会提供科学和技术咨询意见，并通过常设科学、技术和业务咨询委员会提供咨询意见。按照 ODP 的传统，OROPC 只有在特殊情况下，并得到 NSF 的同意才会无视这些委员会的意见。科学委员会及其小组委员会和小组将由广泛、多样化的和跨学科的成员组成，这些成员将根据其在各自领域内的杰出性和创造性进行筛选。这些成员还可以从学术界、工业界、政府和国际社会中挑选。高等级的四个委员会(执行委员会、科学委员会和两个咨询委员会)的国际代表应根据 NSF 与国际合作伙伴签订的协议确定。

观测网络的实际设计、发展、制造、施工、安装及运营，如对 OOI 有损害，OROPC 会根据实际情况把工程分包给财团、个别机构或私人公司。这种分散的管理结构将最大限度地发挥创造性，并使每个观测网络系统的管理符合该系统的具体科学目标和业务需要。每个运营实体将具有实施的灵活性(以鼓励创新)，但必须在用户界面、数据管理和存档、接受教育和推广用户以及维护和升级战略等方面满足某些性能规范。这种结构将确保整个观测网络系统不仅仅是各部分的总和，而且还将确保该设施和数据流的研究以及教育用户可以轻易地从一个观测网络转移到另一个观测网络。OROPC 还将负责与咨询机构合作，制定全系统的绩效目标，在鼓励创新的需要与保持最大系统功能的愿望之间取得平衡。

国际参与可以针对整个研究型观测网络项目层次，也可以是该项目的具体组成部分；可以是独立资助与管理工作的简单协调，也可以是一个联合资助的综合观测网络项目。只要整个系统的完整性和透明度不受威胁，对海外直接投资的管理必须足够灵活，以适应这些不同的国际参与模式需求。

以沿海研究型观测网络为例，很明显，潜在的州、地方、工业部门和其他联邦合作伙伴的范围比远海海洋观测网的要大得多。合作伙伴也将因地区而异，在某些情况下可能引入业务化观测网络。

此外，为了鼓励大家广泛参与，在不危及整个系统的互联互通和协作的同时，NSF 和 OROPC 在谈判合作协议时必须灵活。随着时间的推移，一些不属于早期 OOI 项目规划的观测网络可能希望加入本研究型观测网络。因此，该项目需要开发一个流程，以便通过该流程进行合并，允许引入不同的方案(例如，一些规划可能只希望利用数据管理系统，而另一些规划可能希望成为观测网络科学规划、运行和维护的全面性伙伴)。

4.2　界定海洋观测网的"基础设施"

如本报告前面所指出的，目前正在通过 NSF 的主要研究设备和设施建设（MREFC）账户为 OOI 寻求资金。设立该账户的目的是为主要的科学和工程基础设施提供资金，包括购置：

集中使用的、尖端仪器集成系统和/或信息的分布式节点，作为共享使用的网络基础设施，推动一个或多个领域的科学研究（National Science Foundation，2003）。

虽然本报告第 3 章中描述的 OOI 的三个主要组成部分满足了"基础设施"的定义，但是对于这个基础设施所包括的内容仍然存在一些混淆。从 OOI 成立之初，它的一些支持者就认为，MREFC 应该侧重于获取海洋观测系统的基本要素（如电缆、系泊设备、接线盒、岸站和数据分发及存档设施），而不是获取最终会使用这种基础设施的仪器。这种方法隐含的假设是，除了 MREFC 以外的资金来源将为仪器的研发和购置以及在其各个观测网部署和维护这些仪器提供资助。获得这种关键资助的机制因项目而异，这取决于试验性质、赞助供资机构以及仪器在整个观测网络中的作用。为了确保只有最有用和最合理的仪器才会纳入观测网络系统，这一机制可能涉及同行审查。

人们对上述方法通常给出的理由是，很难获得基本的基础设施资金。因此，这些资金应尽可能用于购买基本硬件（如电缆、浮标、系泊设施和接线盒）。这种方法的风险包括：可能缺乏从其他来源获得观测网传感器的资金和/或缺乏一套完整的仪器，一旦观测网的建造和安装完成，就可使用观测网的基础设施。因此，另一些人认为，部分传感器和仪器应该包括在观测网的"基础设施"中，即使这样做限制了获取构成该设施的电缆、系泊设施和接线盒所需的资源。这种替代方法的困难在于确定哪些仪器和传感器应该纳入观测网的基础设施中。各种海洋观测网研讨会报告均编制了冗长而昂贵的仪器清单，将所有这些仪器或其中大部分作为观测网基础设施的一部分，这将大大减少利用 MREFC 账户的有限资金可以建立的观测网节点的数量。另一个风险是将过多的仪器纳入基本基础设施，可能阻碍新的更好的仪器的创新性研制。

我们在考虑这种取舍时，应该参照与海洋研究船进行的某些类比。在研究船的例子中，船舶本身就是最基本的基础设施。科学家们通常会带上他们自己的专用仪器，在每次探测时把它们安装在船上，并把船作为获取数据的平台。然而，大多数船舶还引入了研究人员所需的一套基本仪器[如全球定位系统(GPS)、回声测深仪和温盐深剖面仪(CTD)]。通过提供这种基本的仪器套件，船舶运营者确保了每艘研究船都具有一定的最低科研能力。这种基本能力对于海洋观测网可能更为重要，因为某一节点对于专门的——在某些情况下是短期的——科学实验的价值极其依赖该站点某些基本物理、化学和生物特性的长期序列数据的可用性。

因此，关键的问题不是传感器和仪器是否应该被纳入观测网络基础设施的一部分(实际上它们应该如此)，而是决定哪些传感器或仪器应该成为观测网络基础设施的一部分(由 MREFC 账户提供资金)，以及哪些传感器应该由利用观测网络的科学项目而获得(由 NSF 的研究及相关活动账户或其他支持海洋研究的机构提供资金)。

在审议这一问题时，有必要确定三种可能安装在海洋观测网中的仪器。第一类仪器，即"核心"仪器，包括一套对观测网的运营及其作为基础研究平台的作用至关重要的工程和科学仪器。不同类型的观测网络对核心仪器的需求会有很大的差异，具体取决于每个节点的科研目标。这些仪器可以包括：①用于确定系统运行状态的工程或系统管理仪器；②现有的、可以进行基本的物理、化学或生物测量，并为观测网络作为科学研究平台提供必要的科学背景的商用仪器。核心仪器的数据应通过观测网络的数据管理系统实时获得，或在实际可行的情况下尽快提供。此外，核心仪器应得到维护，并按照国际商定的标准进行定期校准，以便这些数据能与其他观测网络的要素结合。

第二类仪器是"团体仪器"，该类仪器由对某一特定节点的长期科研目标至关重要的专业科研仪器组成。这些仪器应是经过验证和可靠的("有观测能力的")，能够为广泛的研究人员提供其感兴趣的数据，并且需要在一段较长时间内运行。这类例子可能包括海底地震仪、摄像机和视频系统、系泊索"爬行器"或钻孔流体取样器。来自团体仪器的数据也应免费或在实际可行的情况下实时提供。

第三类仪器为将在大多数观测网络中使用的仪器，这些仪器将与个人、研究人员发起的实验有关。这些"研究人员拥有"的仪器可能是新的或发展的，也可能是针对特定的科学研究或实验而配备的。从这些仪器获得的数据在一段特定的时间内是研究人员专有的，这与资助机构的数据政策一致(例如 NSF 规定为两年)。这些数据仍必须提交给海洋观测网数据管理系统，并应在开放获取滞后期①结束后公开提供。

---

① 意指在这一时期内数据是专有的，不对公众公开提供。——译者注

　　如上所述，核心仪器是观测网络基础设施的一个基本组成部分，即使这样做减小了观测网络设施的总规模，该配置也应由 MREFC 予以资助。用于数据分发和归档的岸基设施也是观测网络基础设施的一部分，应通过 OOI 获得支持。在某些情况下，团体仪器可能对某一特定观测网络的科学理论基础十分重要。然而，在大多数情况下，这些科学项目（如气候变率和可预测性计划、2000 中脊跨学科全球实验、全球海洋生态系统动力学计划）或使用该设施的研究小组将向 NSF 或其他支持海洋研究的机构提供同行评议审查，以寻求从 NSF MREFC 账号以外的其他来源为"团体仪器"获取资金。由于不同的观测网络对核心仪器的需求差别很大，因此，本报告不宜界定核心仪器的具体清单，或指定应用于获取核心仪器的 MREFC 资金的具体百分比。每个观测网络系统的支持者都能在最恰当的位置判断观测网络的基本硬件（即节点数目）以及根据 MREFC 的有限资金对该硬件的基本传感器需求加以权衡。然而，人们的期望是，每个观测网络都需要一些核心仪器。

　　即使核心仪器被纳入由 MREFC 资助的观测网络基础设施的一部分，它们在海洋观测网长期仪器需求中也只占一小部分。通过 OOI 获得的、用于观测系统的传感器和仪器的总投资将随着时间的推移逐渐接近观测网络基础设施本身的成本。研究界担忧的是获得这些仪器的资金可能无法落实，进而推迟对观测网络基础设施的使用，这将使海洋观测网的全部科学潜力无法实现。研究型观测网络的长远成功将部分取决于 NSF 海洋科学局的项目进展（该项目将遵循经同行评审的建议，资助新的观测网络传感器和仪器）。考虑到建造和获取新仪器所需的大量准备时间，人们建议 NSF 在这些观测网络投入使用之前建立一个"海洋观测仪器项目"。鉴于观测网络对仪器的需求将不断变化（见下文的讨论），只要海洋观测网继续运行，就需要这样一个项目来提供支撑。其他对海洋研究感兴趣的机构也可能为海洋观测网购置仪器，并鼓励 NSF 探索这些实践，诸如通过 NOPP 这样的机制。

4.3　传感器和仪器需求

　　在海洋中进行综合物理、化学和生物观测所面临的挑战与大气、陆地或太空科学家所面临的挑战截然不同。除了海面，在海洋的大部分区域通过卫星进行遥感观测是不可行的。要穿透海洋深处，仪器仪表和通信所需的电力必须以"防海洋波动"的方式提供，例如通过安装电缆或有限寿命的现场电池组件。由于将新技术转化为强大的、适航的成套设备需要相当多的技术挑战和时间，以及可以激发产业部门投资于这种开发的经济力量性质的不同，远洋仪器设备远远落后于其他领域的技术。

虽然近期计算机和传感器技术取得了很大的进步，但在海面、海底和水体中进行测量时所面临的物理挑战仍然令人苦恼。强风、巨浪、平台运动、高盐度、高压力和生物活动（如生物淤积），所有这些都可能使在海洋观测网中持续部署新技术的情况复杂化。在仪器能够适于日常使用前，需要反复地设计、构建、现场测试、故障排除、重新设计和重新部署周期。在远海海洋观测网中，持续和自主运营所面临的挑战更大。我们需要作出巨大、持续和资金充足的努力，确保开发出新一代海洋观测科学仪器和传感器。正在进行的传感器校准工作，以及在海上长期部署后的日常维修，也将需要大量的人员和设备。

开发、校准和维护用于对物理、化学和生物海洋进行量化的新且可靠的仪器，将是实现海洋观测网真正的跨学科前景、实时实现海洋系统的综合研究和建模的关键因素。

4.3.1 海洋仪器的发展现状

为了提供一个粗略的类比，我们将海洋观测系统比作复杂的生命系统。电缆、光纤和电线为物理支持和神经系统提供主干，通过网络传递信息和能量。机载计算机系统执行大脑功能，协调网络活动，处理信息和管理系统内部的通信以及通过电缆、声学或卫星与外部系统的通信。传感器本身可以直接或通过代理系统看到、听到、尝到和感知到海洋环境，并通过观测网络的主干和神经系统基础设施报告这些数据。因此，传感器构成了观测网络的关键部分，使我们能够获得海洋的最新信息。

传感器的开发和实现很难以常规方式进行讨论，因为传感器和仪器的种类很多，并且会随着特定的问题、项目和部署场景而变化。然而，对新的传感器和仪器的开发和部署需要仔细规划，这将决定海洋观测网最终如何认知海洋过程和动力学。

目前存在着一种"成熟程度"的说法，涉及随时可用的和常规部署的海洋观测网传感器。物理传感器是最成熟的一项技术，代表了最可靠、最耐用、常规部署的仪器。测量气象参数、盐度、温度、压力、流速、光照量和质量以及地震波的仪器可以普遍地部署在海洋中（见图 4-2）。在这方面，海洋化学参数的探测和定量分析仪器是一个正在成熟但尚未充分开发的领域。例如，最近有技术可以使我们获取连续实时的、原位的二氧化碳测量数据（Friederich et al.，2002）或非常规性的生物活性化合物，如硝酸盐（Johnson and Coletti，2002），但这类数据尚未普遍收集。我们需要在化学传感器领域进行更多的研究，以便能够对具有更高灵敏度、分辨率和可靠性的分析物进行更大范围的检测。生物传感器是当前最不成熟的仪器，它也许是将来最重要的仪器。目前，仅有少量的生物监测设备可用，且这些设备的灵敏度和特异性相对较差。现有的原位生物仪器主要为生物光学设备，例如，测量光散射作为生物颗粒指标或测量叶绿素荧光作为浮游生物指标。尽管人们正在开发使用分子探针的自主生物取样和传感仪器（Scholin et al.，1998），但该领域尚处于起步阶段，需要付出更多的努力才能生产出现成的、耐用的生物传感器。

图 4-2　BARI 正在开发的远程仪器节点（RIN）；遥控潜水器"Ventana"在右侧。RIN 载有多种测量水温、电导率、密度以及流速、泥沙量和叶绿素浓度的仪器。本图由托德·沃尔什提供，版权归蒙特利湾海洋研究所

4.3.2　海洋观测传感器和仪器的发展

关于海洋观测系统和现场仪器未来发展的一些研讨会和报告都明确阐明了研制

传感器的必要性。类似例子有：NSF 的《新千年的海洋科学》报告（2001 年），国家研究委员会之前的一份关于《海洋观测网》的报告、《照亮隐藏的星球：海底观测科学的未来》（2000）、现场传感器研讨会（RIDGE，2000）、时间序列科学有缆观测网（SCOTS）工作组（Dickey and Glenn，2003），以及近海海洋过程计划（CoOP）工作组的相关报告（Jahnke et al.，2002）。这些报告的建议和结论，都强调迫切需要为海洋观测网开发新的传感器和仪器（专栏 4-1）。

专栏 4-1　为海洋观测网研制新的传感器和仪器的建议

- 目前没有任何一种技术方法能够实现对整个海洋或海底的全局性、高分辨率或连续性观察。我们迫切需要开发传感器和采样战略，以优化这些新平台与船只和遥感系统的组合，消除在核心数据方面的差距（National Science Foundation，2001）。

- 传感器和自治式潜水器（AUV）的发展必须与观测网络基础设施的发展、设计、制造和安装同步进行。研发用于长期现场测量的生物和化学传感器和仪器特别重要。除非科学家们只想利用海底观测网络来增进我们对海洋的认知和了解，否则这对海底观测网络没有任何益处（National Research Council，2000）。

- 虽然近年来在仪器开发方面取得了重大进展，可以解决其中一些问题，但在该领域的工作人员都没有充分认识到现有仪器的适用范围、新仪器的开发需要、材料性质和部署的问题、信号处理和数据传输/储存的要求，更不用说海洋科学界（RIDGE，2000）。

- 参与人和评审人员都提出了一个共同的主题，即传感器和系统与电缆和平台一样重要。科研部分所要求的许多测量方法今天还无法实现。确实需要加速研发远程海洋学传感器和取样系统、接驳口标准、防污策略以及用于部署和回收沉积物、水体和生物采样传感器的自主平台（Dickey and Glenn，2003）。

- 我们迫切需要发展化学和生物传感器。我们建议优先开发用于生物化学活性溶质的传感器，例如营养物、痕量气体、微粒和溶解的有机物，以及特定的微量金属的元素形态。这种传感器系统将促进其他生物传感器的研发，如用于估计初级生产力的快速重复率荧光计，可用于识别特定物种 DNA 的微芯片传感器，以及用于评估从浮游动物到鱼类等大小生物体种群的声学传感器（Jahnke et al.，2002）。

4.3.3 仪器的可靠性及校准

具备观测能力的仪器必须达到国际准确度标准，并必须至少在 6 个月至 1 年之间(大多数海洋观测网的预期服务间隔)保持其校准和灵敏度。海洋仪器设备的开发经常从其他领域借用和改进技术，其中许多领域具有较强的经济发展动力。因此，这些仪器需要加以改良，以应付长期部署在海洋环境中的独特挑战。几乎所有海洋仪器都面临的问题有生物污损、腐蚀和因海洋条件恶劣而造成的物理破坏。我们需要获得这些长期部署问题的一般性解决方案，并在可能的情况下在整个团体中共享这些解决方案。国际海洋观测界应就常规校准标准达成协议，以记录仪器性能，为将 OOI 的观测结果用于科学研究提供支持，并与全球地球和海洋观测网的其他要素的观测结果相结合。

4.3.4 迭代开发和部署周期

迭代设计、开发和部署周期对于实现耐用的仪器设计以及可靠、无须维护的仪器操作十分必要。因此，新海洋仪器的开发可能是一个漫长的过程，通常需要五年或更长时间。易于维修的泊船[如百慕大试验台系泊设施(BTM)]或海底电缆接线盒[如长期生态系统观测网络(15 m 水深)(LEO-15)、野外研究设施(FRF)、蒙特利加速研究系统(MARS)]、近岸测试新技术和仪器等都可以大大加快开发和验证新仪器的步伐。这些试验台还为新技术与正在逐步淘汰的旧方法之间的对比分析提供了一个评测平台。建立仪器研发中心也能促进这一进程，但这些中心必须与将使用这些仪器的科学家密切合作。NSF 除了与其他机构合作，还需要确保持续的部署和校准活动，并确保执行维护和校准的工作人员和设施能够满足与 OOI 相关仪器的开发和部署周期所产生的额外的持续性需求。

4.3.5 多仪器接驳口和系统集成问题

海洋观测网的主要目标包括实时集成单个传感器和仪器的数据流，用于即插即用操作的通用仪器接驳口以及集成的数据处理需求都是解决这些问题的方案之一。但需开发的传感器的多样性以及所使用技术的范围将对完整的传感器套件集成提出挑战。显然，通过对观测网络基础设施的整体技术环境进行了解，仪器和传感器开发人员将受益匪浅。实际上，不同的仪器可能会出现一系列"交互性"，从自主操作到与其他传感器套件的高度集成操作。任何特定传感器应用的技术和特定需求、目标和科学驱动等因素都可能扩展这种交互的范围。

4.3.6   数据流管理

与其他系统集成问题一样，来自特定传感器的数据流将会截然不同。元数据、校准和验证数据以及原始和处理过的数据流都特定于某一仪器。数据管理体系结构和仪器的接驳口不可能完全标准化。在整个观测网络基础设施内，一个灵活的系统很可能会需要提供广泛的仪器互用性和兼容性。

4.3.7   传感器开发资金和预期的未来需求

国家资助机构已经认识到环境传感器和仪器开发的必要性，且当前已经有一些项目可以支持海洋观测网的传感器和仪器开发项目。这些项目有：NSF 工程局和计算机与信息科学技术局的有关项目；NSF 环境活动仪器开发（IDEA）项目；NSF 海洋科学部门的海洋仪器发展项目；国家海洋合作计划（NOPP）；美国国家海洋和大气管理局（NOAA）沿海和河口环境技术合作研究所（CICEET）项目；以及由 NOAA 资助的沿海技术联盟（ACT）项目。

很明显，美国支持海洋研究的机构已经清醒地认识到了传感器和仪器开发的需要。然而，海洋观测网的建立将大大增加对海洋传感器套件的需求和潜在的用户基础。这种增加的需求将需要新的、重要的资源来研发传感器和仪器。这其中一个关键的问题是考虑仪器前期迭代开发和部署周期所需的时间，然后才有可靠和成熟的仪器可用。如果周期时间考虑不当，观测网络的基础设施可能会过时，或众多关键仪器和传感器套件用时需再次更换。国家项目和资助机构面临的一个重大挑战是，如何将必要的迭代周期融入当前资助计划中的财政周期和授标过程（资助周期通常是两到三年）。开发和工程施工的节点和时间线通常与并行的科研节点和时间线不同，评审和授标过程应对这些差异做出预判。

如果真正综合的跨学科海洋系统原位观测要用于 OOI，那么在不久的将来，将需要大力开发更广泛的传感器组件，特别是用于感知化学和生物现象的传感器组件。

如果物理海洋学参数仍然是唯一的观测项目，那么即使观测网将提供更高的空间和时间分辨率，也只能期望在科学认知方面有所增益。除非有广泛的多学科海洋科学家利用海底观测站来增进对海洋的认知和了解，否则从中获益甚微。作为一个整体，研究界还没有达到这个目标，OOI 的一个成果应该是促进这一转化。传感器和仪器与电缆和平台一样重要，如果海洋观测站要实现其潜在的目标，传感器和仪器必须得到积极的快速发展。此外，还必须提供足够的支持，以维护传感器和仪器，特别是通过校准确保它们的准确性、可靠性和在 OOI 与其他海洋观测网络的所有平台上的可比性。

4.4　建造与安装

海洋观测站的建造和安装会引发许多问题。尽管系泊和有缆观测站的有关技术要求存在显著差异，但在这两种情况下，都需要在安装前仔细规划，在海岸和水中广泛试验，以确保这些系统的成功安装。

4.4.1　系泊浮标

海洋学界具有在各种条件下制造和安装海面和水下系泊系统的丰富经验。这两种类型的系泊系统都很容易制造，所需材料也很明确。力矩-平衡钢丝绳是一种带塑料护套的耐腐蚀钢丝绳，用于深海系泊的上部（1 500 m）位置，以防止鱼类咬损，并可用于所有深度的浅水系泊。尼龙和涤纶绳用于需要考虑符合海洋工程规范的地方，聚丙烯绳用于需要增加浮力和拉伸阻力的地方。可选择船用级、防腐配件（卸扣和绞盘）和链条，泡沫、铝和钢浮筒壳，同时，钢或玻璃材料的水下浮体也被广泛使用。值得注意的是，很多制造商建造金属浮筒壳体，少数制造商用闭孔泡沫制造壳体。系泊电缆和绳索及相关硬件可从商业渠道购买。传统上，电缆的切割、端口连接和强度测试是在厂房内完成的。

许多海洋观测系泊系统的带宽要求不高，可由商业卫星系统（如 Inmarsat-B、"铱星"或 Globalstar）满足。低功率收发器和天线系统是商用的，可以以非常低的成本购买。声学调制解调器可用于从系泊或海底传感器到浮标的遥测数据传输，尽管数据速率相对较低。第二代声学调制解调器已投入商用，第三代系统正在开发中。

这些调制解调器可以在长达数千米的范围内提供 5 kb/s(带纠错)的持续数据速率。除了大型、恶劣环境中使用的水面浮标(见下文),目前的趋势是通过将上述所有系泊组件设计为适合 20~40 ft(1 ft 为 0.304 8 m)标准海运集装箱装运,使其易于运输。

配备专用绞盘(卷筒或牵引)以展开和回收钢丝绳和合成绳,极大地促进了系泊展开。伍兹霍尔海洋研究所的系泊和索具车间等部门进行了系泊浮标部署实践,并对此予以记录。安装可由中型和大型大学-国家海洋学实验室系统(UNOLS)船舶进行。

重型仪器的深水海面系泊可能需要接近 $1×10^4$ lb(1 lb 约为 0.453 6 kg)的锚。该重量加上浮标船体的重量(4 000 lb,带仪器),对起重机和人字架的承载能力以及一次可承载的系泊装置数量施加限制。部署和回收要么在扇形尾翼一侧完成,要么通过船尾的"A"形框架完成。系泊部署需要温和平静的天气(15 kn 或更小的风和小于 6 ft 的波浪)。外海面临的最大危险是浮标船体可能会摆动,在仪器布放或回收的过程中撞到船,以及浪涌荷载可能接近系泊缆的断裂强度。此外,完整的电缆连接、低带宽系泊系统将需要一台 ROV 来安装海底接头并连接至电缆-光纤接口。

符合 DEOS 系泊浮标观测站设计研究(DEOS Moored Buoy Observatory Working Group,2000)要求的规范的高纬度和/或高带宽饼状或杆状浮标系统,由于浮标的尺寸以及系泊缆和锚的重量的特殊性,便引发了特殊的建造和安装问题(见图 4-3)。大型杆状和饼状浮标的制造可承包给一家商业公司(系泊系统——通常是非常大型的杆状浮标——已经在海上石油生产中使用了一段时间)。有几种主要为船上使用而设计的商用 VSAT C 波段天线系统可供使用,并可适用于大型杆状或饼状浮标。为这些系统提供动力所需的发电机也可在市场上买到,并且在无人值守浮标的操作方面有相当丰富的经验。

DEOS 系泊浮标观测站设计研究(DEOS Moored Buoy Observatory Working Group,2000)中所述的高带宽饼状或杆状浮标也有特殊的部署要求。在大型饼状浮筒设计中,锚的重量、钢制系泊缆和合成系泊缆的直径超出标准 UNOLS 绞车和钢丝绳所能处理的范畴。为了在全球级 UNOLS 船舶上部署这些系泊系统,必须安装一个独立的绞车系统来部署和回收系泊组件。即使是最大的 UNOLS 船舶也无法部署 DEOS 系泊浮标观测站设计研究中描述的大型 40 m 杆状浮标,主要因为是甲板尺寸以及卷筒和绞盘能力所限(低于所需的 20 000+l bs 提升能力)。需要一艘海上补给船或抛锚船来部署杆状浮标,这也可能是部署大型 5 m 饼状浮标的最佳选择。

安装杆状浮标和系泊需要两个独立的阶段:一个是锚和弹簧浮标的预安装、柱

图 4-3　为高带宽系泊浮标观测站设计的 40 m 杆状浮标概念设计。主模块（灰盒）包含通信电子系统、发电机和电池。C 波段天线罩安装在该模块的顶部。燃油包位于立柱中。该系统的部署将需要两个支腿，一个用于安装系泊和杆状浮标，另一个用于安装上部模块。本图由德西尼布海洋公司的约翰·霍尔基亚德提供

体安装和系泊连接；另一个是上部模块安装（DEOS Moored Buoy Observatory Working Group，2000）。这些步骤必须按顺序执行，但不一定同时执行。虽然第一步需要一艘重型起重船，但动力、通信和仪器模块的上部安装可在安装柱体和系泊装置后由全球级 UNOLS 船舶完成。

　　这些部署行动对天气情况很敏感，但可在有效波高约 2 m 的海域执行。鉴于高纬度地区的天气不可预测，即使是在一年中的有利时期，也需要为安装作业预留大量应急机动时间。

4.4.2　有缆系统——新的安装

　　与系泊浮标相比，海洋学界在海底电缆系统的设计、制造和安装方面的经验非常有限。然而，商业电信行业拥有丰富的经验，对勘探行业的了解也在不断增加。两者都可用于设计、建造和安装研究型电缆观测站。本节旨在大致概述海底电缆观测系统的规划、安装和维护所需的要求和任务范围。

电信业的经验尤其宝贵,因为它已经安装和使用海底电缆系统超过 100 年,在成功率和可靠性方面有着卓越的记录。然而,商业电信系统和海洋观测站之间有着重要的区别。

商业系统在电缆两端设有地面站,海底没有连接器或可变负载。几乎恒定的电力可以从无回路和只有很少分支点的商业电缆的两端提供。商业电缆上的所有分支都在岸上终止,以便能够控制电力系统。所有商用系统都使用恒流电源。相比之下,在很大的电流和电压范围内,提供给海洋观测站的电力会有所不同。此外,大型海洋观测站系统将有许多连接和终端分支,其功率要求可变,导致电力和数据系统复杂,因此可靠性可能较低。

如果发生故障,商业系统每天损失数百万美元,因此必须立即、快速地修复系统。而由于海洋观测系统故障而造成的数据丢失不会造成过大的经济影响,且在故障发生后的几天内进行抢修(如商业系统那样)是不必要的,也不具有普遍的经济可行性。

由于许多海洋观测站所处位置偏僻,安排维修可能需要 6 个月或更长时间,这取决于船只的可用性。许多海洋观测站的不可接近性使得其基础设施的可靠性在拟议的海底网络的设计、部署和运行中至关重要。

虽然商用和科学研究用电缆系统对基础设施(如电缆、节点、接线盒)的高可靠性有着共同的需求,但在研究型观测站中,科学家必须有机会试验可能失败的传感器、仪器和实验项目。因此,研究型观测站上的个别传感器和仪器的可靠性可能低于业务化运行的观测站或商用电缆所能接受的可靠性。虽然新的传感器或仪器应在安装前首先在陆地和原型海洋试验台上进行试验,但必须设计一个有缆研究观测站,以保护基础设施不受个别传感器或仪器故障的影响。

商业系统依赖于高度明确和严格的契约,以确保一致性、合规性和可靠性。承包商未能完成要求的任务可能导致昂贵的法律诉讼。而在研究型观测站,这种执行方式将适用于那些所需任务是例行的,类似于行业程序的情况。研究型观测站的一些程序和系统可能更具实验性或发展性,但在这种情况下,将需要更灵活的承包和执行方法。

4.4.3　海底有缆系统的安装和维护计划

在敷设电缆、接驳仪器或在节点收集数据之前,有许多后勤细节需要考虑。本节概述了安装和维护海底电缆系统规划的工作范围。本次主要讨论商业系统部分，它提供了可以从商业电信行业和勘探行业借鉴的丰富经验。

4.4.3.1 详细的系统设计

观测网络系统的特性将由基础设施能力驱动。例如，拟议的浮标观测网络的通信带宽要比有缆观测网络带宽小几个数量级，这并不是因为其科学要求低，而是因为卫星链路的能力远远低于光缆的能力。科学研究应适应现有设施，合理利用可以利用的基础设施，不进行大量开发，并将这些能力用于观测网络的科研活动中。在现有技术条件下，开发可用的系统规范，或对现有技术进行适度修改，将会保证合理的预期性能。应在合理范围内开发，以确保设施的高可靠性，并防止超出预期的开发成本。

电缆特性和拓扑结构将限制电力资源的利用率，因此在电力系统建模或确定电源和最大负载之前，需要提前确定电缆长度、必要的松弛度和其他参数。电缆观测系统的功率传输取决于电缆电阻、电缆长度、电流和电压。由于电缆电阻的损耗随着电缆长度和电流的平方而增加，使用低电流和高电压非常必要。然而，在海洋中很难使用高压电力，而大多数海洋电缆和连接器的额定电压为 10 kV 或更低。循环和分支结构使观测网络的最大可用功率变得难以评估。此外，在这样的系统中，增加一个节点的电力可能会影响其他节点的电力可用性。在远离电源的节点上，超负荷供电也可能严重限制近海的可用电力。建议将靠近海岸的节点与供电距离较远的节点分开，使用不同的电缆供电效果可能会更好。

一旦决定进行，就必须着手对电缆的电子系统和组件进行详细设计。而其首要任务之一是确保网络架构包含兼容的连接设备（即插即用）。为了确保这种情况，电缆供应商必须与运营商协调工作：①确定干线和所有支路对光纤和铜芯的完整要求；②识别水下电子设备、中继器、放大器、连接器和分支单元；③确定传感器和数据记录设备的传输协议和设备规格。

陆地上的设施建造问题也很重要，必须解决这些问题，操作和维护电缆系统陆地端所需的有形资产和设备才能被安装。建议进行详细的规划，以确保存在解决安全、热、湿度和洪水问题的协议。

4.4.3.2 授权

在规划建造电缆系统的过程中，最耗时和最困难的步骤之一是确保电缆在陆地和水下的放置权。要获得跨越海岸线的着陆权和跨越联邦、州、县、市和私人土地的财产地役权可能需要数月时间。要敷设电缆，首先必须获得所有联邦、州和地方政府的许可，才能使电缆着陆、沿着陆地沿线掩埋并建造终端大楼。这一规划可能需要对着陆区和海底线路进行环境影响评估(EIA)并提供环境影响报告书(EIS)。电缆承包商或业主还必须找到所有受影响的土地所有者，并支付相关费用。在某些情况下，在沿海地区找到一块土地的全部合法所有人可能极其困难。此外，确定通行权的成本可能是一个严重的挑战。

除了获得土地权，电缆所有者还必须获得穿越现有海底管道和电缆的许可(如果有的话)，并确保这些系统不会受到损害。美国内政部的矿产资源管理局(MMS)负责管理美国水域的所有管道和电缆，而每个州都有一个部门管控浅水区到高潮线区域。另外，一个州的管理机构对在高潮线标志以上的区域负有法律管理责任，并可以与县政府和市政府分享对其的控制权。这一审批过程可能需要一年或更长的时间。

4.4.3.3 海底电缆保护及线路设计

海底电缆很容易受到海底垂钓、拖曳、洋流和冲刷浅水底部的其他危险因素的破坏(水深约 1 000 m 以下)。此外，粗糙的地形可能需要"跨越"式电缆构架，让电缆悬在海底以上，这容易让电缆受到损坏。这样的跨度在火山地带是一个严重的问题，因那些地区的尖锐露头很容易损坏电缆。由于许多观测网络将设在浅水区或火山环境中，对这些网络进行保护是一个关键的问题。这类保护可采取电缆埋设和电缆铠装两种形式。根据电缆工业的惯例，在浅水区同时使用埋设和铠装来保护电缆，但在深水区则没有这种保护措施，为了避免粗糙地形和火山地形引发的安全问题，在深水区安装前要进行仔细的测量。由于后勤的原因，无法将现有的商业电信电缆埋在深水中，在超过 2 000 m 的深度，铠装会引发严重的重量问题。对于深海火山地区的观测网络，电缆设计必须考虑在适当部分对其进行铠装保护，并且必须预留足够的松弛度以防止长跨度构架所带来的问题。对海底特性的了解是确定相应电缆保护的最关键因素。需要通过高分辨率的近海海底地震、条带水深测量和沿预期电缆路线的侧扫数据加强对海底地形的了解，以及对管道和其他将要穿越有关区域的电缆的了解，从而制订保护计划。

在进行任何实际工作或签订合同之前，必须在专案研究中调查影响系统安装和长期安全的环境、地缘政治、气象、海洋、地球物理、工业和管理因素。专案研究应包括以下活动：

- 必须进行风险评估，以选择最安全、最环保的路线。虽然一般电缆路线将根据科学目标和所需的观测网络节点位置而定，但具体路线必须考虑到具体风险。海底使用者（例如捕鱼、挖泥、采油）或自然威胁（例如浑浊流、移动海床、风暴、火山或构造活动）对电缆或沿线的现有组件所造成的外部损坏应作为这项评估的一部分进行考量。
- 应编制初期路线设计和路线图。
- 应指定系统的埋设地和防护设计规格。
- 对于管道穿越构架，应在个案的基础上加以处理。部分管道的所有人可能需要在电缆和管道之间放置沙袋或混凝土垫。
- 初期的电缆和安装设计应与现有工业能力相适应。

在专案研究之后，应该执行物理路线调查，并引入水深测量，侧扫测量，海底（用于埋设系统）、海流和其他物理测量。这种调查的目的是验证初期的路线设计并完成风险分析。埋设电缆路线的任何部分都应进行土工测量和分析。

4.4.3.4 系统生产

需要很长时间采购的项目，如电缆、终端设备、海底组件和软件，需要在安装前便提前订购。应建立合同管理体系和程序，确保系统质量，并确保所有组件的及时交付。任何高风险或新的设计项目，必须在安装前进行充分的验证测试（以便有时间来重建失败的组件），在这个时候应给予特别的关注。

4.4.3.5 安装规划及执行

电缆观测系统的安装预计将占其成本的很大一部分。由于电缆系统不包含需要定期更换的消耗品，电缆系统基础设施的维护应少于同等浮标系统的维护成本。安装长电缆线路的观测网络需要至少使用一艘电缆船，且在拓扑结构中有分支的地方可能需要两艘电缆船。与海岸连接时需要埋设电缆、建设海岸站并与陆地电力和通信基础设施连接。尽管使用商业电缆敷设船可能更具成本效益，但建议对于电缆长度不到 100 km 的观测网络，可以在研究船上（临时）安装电缆储存和处理设备（如果不需要掩埋）后参与敷设。

安装电缆系统的一个重要环节是选择合适的承包商。在商业运作中，通常需要预审承包商资质，然后进行"投标"筛选。对承包商进行资格预审的具体内容包括缆索敷设船和埋设工具的任务匹配性。这还意味着确保承包商在作业期间需要有足够的资源，以防止天气和其他问题妨碍工程进度。

电缆敷设承包商选定后，电缆所有人应编制系统安装程序。与长期许可证不同的是，在安装阶段必须从有关当局那里取得额外的施工许可证，包括发给海员的通知。通常会聘请第三方安装合同管理专家团队来确保其正确安装。这些专家还将与安装承包商合作，为整个海底系统和组件安装提供施工图纸和测量数据。

4.4.3.6　系统维护规划

为了将成本降到最低，观测网络系统设计必须解决可靠性和维护问题。最主要的可靠性问题一般出现在系统中最难恢复的部分、单点故障位置和最容易发生故障的位置。在电缆系统中，这些位置包括主干电缆系统、接线盒(图 4-4)、近岸和复杂地形中的电缆段。电缆主干线的故障需要电缆船进行维修，这种费用很昂贵。应努力识别薄弱部件、提高可靠性，最大限度地减少主干网中的电子设备使用冗余系统，并防止故障的发生。防止失败的最重要措施是使用成熟的技术，并对在陆地、试验台和海洋上已完成的系统进行充分的测试。在可能的情况下，应该分阶段安装复杂系统，以确保在整个系统就位之前验证设计目标。

图 4-4　夏威夷 2 号观测网络(H2O)项目所研发的接线盒的部署情况。接线盒提供了一个将仪器插入观测网络并为仪器提供电源和双向数据通信的接驳口。OOI 将为电缆和系泊浮标观测网络的接线盒提供支持。本图由夏威夷大学的弗雷德·杜恩比耶提供

需要对管理人员和技术人员进行该系统的操作培训。建立一个可用的数据库来存档和测试技术资料也很重要。在这一阶段，应订立陆地和船舶维修保养设施的系

统恢复协定和安排。

4.4.3.7　运营规划

一旦电缆就位，长期的关注将成为决定性因素。因此，应优先确定系统使用的方法。在许多情况下，商业系统与本地电信公司共享终端设施。例如，H2O 在夏威夷瓦胡岛的马卡哈电缆站租用了其运营空间。建造专门用于电缆着陆的设施通常是出于安全考虑或在该地区没有任何设施的情况下才会考虑。因此，电缆所有人必须事先决定是否要在现有结构中建造专用的设施或租用终端设施。

一旦物理设施建立，网络运营中心可以由员工或第三方运行和维护。许多商业电缆和终端设施都是通过这样的长期维护合同来维护的。

商业电缆系统中的一个主要因素是"回程"问题。回程线路是可以与现有干线(大型电缆系统)共享的部分或链接。例如，如果一家公司敷设一条电缆，连接到墨西哥湾的平台，该电缆从路易斯安那州的威尼斯出发，要穿过外大陆架，最后到达得克萨斯州的加尔维斯顿，该公司可能会与现有的地面电缆供应商签订合同，提供冗余所需的环路或连续环路，而不是拥有和维护包括所有地面电缆在内的所有电缆。

4.4.3.8　实验的机会

观测网络的设计应最大限度地利用科学实验和参与的机会。观测网络的连接接口以及数据检索和指挥能力的结构都应尽量简化，以便缺乏高技能工程支持的团体能参与其中。观测网络应该有几个连接级别，从非常强大的、高功率的、高数据速率的复杂实验接口到用于模拟传感器的简单连接。一个重要的管理决策包括观测网基础设施建设结束和用户可以开始实验的时间点的选择。观测网络的操作员可以控制核心和团体传感器，但在某些级别，只要运行功率和带宽在限制范围之内，就应该允许实验者在没有观测网管理监督的情况下进行实验。应该鼓励对创新理念、原型传感器甚至高中生提出的实验进行测试。但是，强烈建议在观测网络安装新硬件或实验性硬件之前，优先在系统测试台中对其进行评估。

4.4.4　有缆系统——电缆的二次利用

有三种方法可以重复使用退役的电缆：①就地使用；②部分移位；③全部移位再利用。

4.4.4.1 就地利用和部分移位

就地利用原位置的电缆。就像在 H2O 项目所做的那样，我们可能沿着电缆路线切割电缆，并在切割点接入科研节点（Petitt et al., 2002）。部分利用退役电缆系指切断并重新定位电缆，并将一些电缆和中继器拖上船，直到船上有足够的设备可以将观测网络放置在远离原始电缆路径的位置，这类例子如长期贫营养型栖息地评估站（ALOHA）（University of Hawaii, 2002）。这两种方法都利用了原始电缆站基础设施的优势，从而消除了将电缆拖回岸上的成本。通过执行类似于电缆修复的操作，可以在电缆上安装有缆观测网络的节点。由于电信电缆通常在两个不同的地点上岸，每个电缆系统至少可以建立两个观测网络。

4.4.4.2 全部移位再利用

将长的电缆和中继器分开并将它们移动到其他位置的构想是可能的。大部分的移动工作由军方完成［D. Gunderson，AT&T（已退休），私人通信，2003］。这种移位是重新使用电缆的最昂贵的方式，因为它涉及电缆船、电缆支撑以及新的电缆站基础设施的建设。它还要求移动的电缆段不受新电缆的影响。然而，迁移可以为其他方式无法支持的观测网提供支持。

4.5 运营和维护

海洋观测网的运营和维护需要长期投入大量的资源和设施。由于观测网络仍是一个不断发展的研究工具，观测网络的运作也需要科学界与观测人员之间的紧密互动。虽然最初提供的电力和带宽似乎是无限的，但对基础设施的需求可能超过其供应能力。例如，一个偶发事件（例如海底喷发或有害藻华暴发）会引起多个观测网络用户对资源的同时调用。因此，为在标准作业条件下分配可用电力和带宽而制定的政策也必须为此类偶发事件加强资源调配提供灵活性。一般来说，优先使用团体资产，包括团体仪器和遥控潜水器（ROV），很可能是海洋观测网系统的整个生命周期内一个重要的、持续的业务问题。各实验之间的干扰也可能是一个重要的问题：光、化学或辐射噪声可能是一些用户的研究对象，但对其他用户来说却是干扰。

4.5.1　系泊浮标观测网络

远海系泊设施的使用寿命应设计为 10 年(图 4-5)。远海系泊设施需要进行年度保养，每三至五年需要翻新。沿海系泊设施将需要更频繁的保养，可能每季度保养一次。翻新系泊观测网络包括更换浮标上的系泊组件或子系统(例如卫星天线系统、发电机、声学调制解调器)。由于这些系泊观测网络可能在恶劣的环境下运行，预计这些维修和翻新费用将相对较高。每年的维护和翻新费用估计为浮标和系泊设施投资成本的 20%(DEOS Moored Buoy Observatory Working Group，2000)，预计偏远地区的费用将会更高。

图 4-5　图示海面系泊设施每年都需要保养，对于 OOI 全球观测网的每一个间距较大的系泊点而言，都需要长达一个月的船舶周期(包括航行时间)。本图由伍兹霍尔海洋研究所提供

运营期间，环境对远海系泊浮标的最大限制将来自海况对卫星遥测系统的影响。DEOS 规范要求在俯仰、滚转和偏航率低于每秒 10° 的情况下进行操作。然而，作为实时观测、应用和数据管理网络(ROADNet)公海项目(见第 3 章)的一部分，最近在一艘 UNOLS 大型船只上使用 C 波段天线的经验表明，这一要求过于严格，这些系统能够在先前想象的更严酷的海况下运行(除了 6 级海况)。在高纬度地区和其他经常遭遇恶劣天气的地区，三脚式系泊杆状浮标的移动概率比饼状浮标更小，并能提供更高的通信效率。在某些地点，海况有明显的季节变化，数据可能有一段时间无法传送到岸上。但是，这些数据将记录在浮标上，可以稍后传送或在年度维修期

间取回。

对沿海系泊设施来说，生物附着也是一个长期存在的问题，需要对其进行定期处理才能使仪器正常工作。沿海系泊设施面临的其他主要危害是捕鱼活动和养殖作业。

小型或中型 UNOLS 船只或类似的商用船舶可用于沿海系泊设施的维护。远海系泊设施维护需要大型 UNOLS 船只或商用船舶。标准的维护任务包括更换或修理传感器和通信系统、清除生物污损、为高带宽系统加油。用于高带宽浮标的机械部件、电子设备，甚至柴油发电机都应便于使用标准的 UNOLS 船舶设备进行更换。桅杆上部单元的模块化特性应可以与其他杆状浮标分开更换——UNOLS 船只可以执行这些更换任务。然而，回收系泊浮标的任务需要专门由商业工作船来执行。对于三脚式杆状系泊浮标，无须回收整个系泊系统，仅需回收浮标进行修复或更换。

通过缆索连接的系泊观测网络的长期运营需要使用遥控潜水器（ROV）。在某些情况下，甚至可能需要一个水下机器人以确保传感器的正确放置。但在通常情况下，这并非必要。如果浮标丢失，Argo 的发射器将允许为此目的的租用的船只跟踪其位置并回收浮标。

4.5.2　有缆观测网络

SCOTS 报告（Dickey and Glenn，2003）描述了许多与有缆观测网络相关的业务问题。不同的有缆观测网络的维护成本和后勤费用会有很大的差异。与现有有缆观测网络相关联的电缆，例如 H2O、LEO-15、FRF 和玛莎葡萄园岛海岸观测网络（MV-CO），已经相当坚固，且需要的维护很少。然而，应注意的是，如果电缆被损坏或切断，其维修费将是一项重大开支。因此，运营及维修预算须包括应付此类事故的应急基金。由于维修不能只由一艘标准的 UNOLS 船只完成，建议与电缆公司签订备用维修合同用于电缆的维修工作。此类合同的成本取决于所需的工作时间。由于研究型观测网络的维修工作不像商业电信电缆的维修时间那样紧迫，观测网络运营商可以为本合约谈判安排一个具有竞争力的价格。

大多数有缆观测网络的维护费用与节点和仪器有关。基本的节点维护（如接线盒的维修或更换）不一定每年都需要进行。浅水节点，如 LEO-15、FRF 和 MVCO，通常由潜水员和小型沿海船只进行维护。然而，在远海海域进行节点维护和更换则需要大型船舶和远程操纵式潜水器设备。虽然更换节点可能需要一艘载重量较大的船只（见第 5 章），常规节点维修可以通过承包或由 UNOLS 船只进行。建议保持足够的备用库存，以便在海上替换节点，而不是修复节点。然而，能够维持的备件数量将取决于整体项目预算，这需要与研究需求相平衡。

在观测网络安装、仪器维修和进行实验过程中，需要船舶和遥控潜水器每年执行最大出勤数。谨慎的做法是每年对远海场址的节点提供仪器保养，并在沿海地区执行更频繁的检修。由于大部分工作的非常规性，观测网络仪器的维护工作最好由装备有遥控潜水器的 UNOLS 船只进行。考虑到仪器维护的费用，在部署之前，需要为核心仪器和团体仪器制定可靠性标准和校准标准。运营及维修规划应引入对核心仪器及团体仪器进行严格测试及校准的计划，以确保观测网络数据的质量。在部署前和回收后，传感器应在实验室中进行校准，回收后应尽可能接近其现场状态（具有完整的风化和生物附着反映能力）。同时还应做出努力，利用标准和船只带来的新传感器，进行现场检查和校准。这些校准程序的标准化应在近海、区域和全球网络内的各观测网络以及各团体和国家之间执行，以确保所有观测网络系统的可比性。在生物附着和传感器严重老化的地方，可以周期性地将传感器进行更换。浅海沿岸的场址可能需要更频繁的维修，但其仪器的维修费用较低，而且更容易完成。深水仪器的维修次数必然会很少，因此，仪器的设计和校准应考虑这些因素。

4.5.3 观测网络的运营及维护费用

观测网络的基础设施作为 OOI 的一部分，其运行和维护需要美国国家科学基金会进行大量且长期的财政投入。经验表明，这些维护成本在项目之初往往会被过于低估（见第 2 章）。

DEOS 指导委员会为本报告提供了关于 OOI 运营和维护费用的预估资料。虽然这些预测是粗略的，正如在项目开发阶段所预期的那样，但它们确实提供了对潜在成本的有效评估。为了向美国国家科学基金会就可能需要的资源水平提供一些参考，DEOS 的预测已在本报告中列出。

表 4-1 概述了 OOI 的三个主要组成部分的年度预估成本，针对全球观测网、区域有缆观测网络和近海观测网络。全球观测网络假设由 20 个节点组成，分布在世界海洋中且相隔很远。这些网络观测站中有一半为低带宽系泊设施（声学连接或电缆连接），其余则为高带宽、电缆系泊或使用退役电信电缆的观测站。其运营和维修费用概算根据文献（DEOS Moored Buoy Observatory Working Group，2000）。东北太平洋时间序列海底网络实验（NEPTUNE）项目作为区域型有缆观测网络的范例，有 30

个节点，面积超过 500 km×1000 km。其运营和维护成本根据 NEPTUNE 项目的可行性研究（NEPTUNE Phase 1 Partners，2000）和由 NEPTUNE 项目办公室提供的更新的数字而得出。近海观测网络被认为是系泊观测网络和有缆观测网络的混合体，由于所需的近海观测网络的基础设施目前还没有明确定义（见第 3 章），因此 OOI 组件的相关运营和维护成本在商业上最具投机性。

表 4-1　海洋观测网运营和维护费用概算

观测网络类型	运营及维护费用年度近似值/美元
全球观测网络[a]	
运营及维护（20 个节点）	700 万
船期（20 个月/年；10 艘船配备 ROV，10 艘船无此配备）	1 500 万
应急资金	200 万
区域有缆观测网络[b]	
运营及维护（20 个节点）	1 100 万
配备 ROV 的船期（4~8 个月/年）[c]	360 万 ~630 万
应急资金	150 万
近海观测网络[d]	
运营及维护	400 万
船期（3 个月/年）	150 万
应急资金	50 万
总计	4 600 万 ~4 900 万

注：a. 该费用根据文献（DEOS Moored Buoy Observatory Working Group，2000）的数据计算而得。

　　b. 该成本基于文献（NEPTUNE Phase 1 Partners，2000）的数据和 NEPTUNE 项目办公室提供的最新数据。

　　c. NEPTUNE 成本估测假定传感器维护周期为 3 天/节点，每年每节点维护 1 天。NRC 委员会建议为节点和传感器制定 1 周/节点的维护预算。

　　d. 数据基于现有的近海观测网络的运作成本粗略估计。

在这些费用的预测中，我们考虑了一些重要的假设。运营和维护费用为观测网络在最初安装和调试之后的费用，该费用包括人工和项目管理费用。系泊点和有缆观测网的节点都假定每年维修一次。第 I 类 UNOLS 船只的费用假定为 2 万美元/天，而遥控潜水器费用另计为 1 万美元/天。尽管为近海观测网络提供服务的船只费用可能因船只类型的不同而有很大差别，但该项费用预测均假定为 1 万美元/天。船舶和遥控潜水器的商业船租赁费根据市场情况而定，其费率每年都有很大的差别，但是，这些数字应该能够代表远期的平均费率。应急费用包括计划外维修和其他意外维修费用（估计为每年运维费用加上船费的 10%）。

根据 2003 年的财政计算及表 4-1 所示的数字显示，OOI 项目的运营及维护成本（不包括船期）每年可达 2 500 万美元左右。如果算上船期，这些费用大约翻了一番，每年接近 5 000 万美元。相比之下，ODP 2002 财政年度用于运营"希迪斯·决心"号（JOIDES Resolution）钻探船和相关项目活动（钻探和科学支持服务、信息服务、出版物、行政）预算约为 4 600 万美元。因此，OOI 的运营和维护成本并没有与其他主要的地球科学计划脱节。

尽管如此，海洋学界担心运营和维护海洋观测网相关的成本将耗尽海洋科学其他领域的资源（例如资金、船舶和 ROV 资产、智力资源），并对非观测网络的海洋科研活动产生负面影响。这种担心在很大程度上源自对资金水平不足以支持这一新的设施，或这些费用在前期被大大低估。为了减轻这些担心，美国国家科学基金会需要采取措施，以确保前期准确估计观测网项目的成本和对船舶和无人潜水器的基础设施需求，确保预算资金充足，且美国国家科学基金会应实施管理监督和财政控制，以确保观测网络项目在预算范围内运行。

表 4-1 为 OOI 项目的资金情况。美国国家科学基金会预测，当基础设施全部安装完毕后，2011 年的运营及维护费用每年约为 1 000 万美元。表 4-1 所示的数字表明，2 500万美元/年的预算更切实际，该费用不包括船期费用。如果包括船期费用，则该数字应翻一番（目前不清楚表 4-1 所示的运维成本是否包括船舶成本）。这些估测都不包括更新基础设施将衍生的科研经费。这些成本很难估测，但肯定会占到年度运营和维护成本的很大一部分。一个成功的观测网络计划需要足够的资金来运营和维护观测网络的基础设施，以及这些基础设施所能提供的科研活动和仪器。美国国家科学基金会现在需要采取适当的措施来确保在观测网络的基础设施就绪之前，有足够的资源来满足这些需求。

4.6　国家安全问题

海洋观测网有可能会向公众提供引发重大国家安全问题的技术或数据。首当其冲的便是与美国海军潜艇部队、水听器和检波器阵列有关的数据，这些阵列可用于海底观测网络，尽管其他传感器也可能引发安全问题。在过去已多次发生涉及潜艇和海洋观测网的安全问题。然而，拟议的观测网络的新能力加上几乎持续性运作，其所引发的问题远远超出了过去。在过去，海洋学家可以使用小型的水听器、检波器和地震仪阵列(例如威克岛和阿森松岛系统),但是除非这些阵列离潜艇很近,它们探测和跟踪低信噪比声源(如潜艇)的能力非常有限。目前,用于观测地震反射和折射剖面的拖曳阵列具有更强的探知能力。这些阵列有几千米长,且有大量的传感器,并在与反潜战(ASW)相关的频带(5~400 Hz)上运行,但是,由于这些阵列在大型气枪和/或爆炸声源的主动模式下工作,它们只记录有限的时间片段,而且不是静止的,因此它们不会衍生对潜艇安全的威胁。海洋研究对潜艇来说不是问题。事实上,潜艇将从这些系统所完成的基础科学研究中受益。

科学界已经可以使用海军水声监测系统(SOSUS)阵列进行地震活动观测、海洋哺乳动物观测、声波层析和其他一些应用。但是,该系统只有获得安全许可的研究人员才能接入,且无法公布时间序列数据。这些限制都是科学界或许多参考期刊普遍不能接受的,因此大家并不愿使用这些数据。

"冷战"结束后不久,苏联潜艇行动宣告终结,海军一度希望科学界使用SOSUS阵列。使用这种方法的原因尚不清楚,但这一事实可证明"双重使用"的合理性,或可将运营和维护这些系统的成本转移给另一个实体。从那以后,除了在这些相同的安全限制范围内,海军再也没有鼓励"双重使用"。尽管如此,一个科学家小组会议还是讨论了将SOSUS用于科研目的的可能性(Joint Oceanographic Institution, 1994)。当审批程序到达海军高层时,限制使用上述协议下的人员政策仍然有效。

潜艇通过各种各样的声源发出声音信号(信号的特征),其中有机械、结构共振、螺旋桨和湍流。测量到的潜艇特征数据是高度机密的,因为它们可以很容易地用于潜艇探测、分类和跟踪。水听器和/或检波器阵列具有足够的阵列增益效果以及最先进的信号处理技术,可用于探测、跟踪和分类水面舰艇。这种测量的能力涉及许多要素。然而,有几个要素与深海观测网络有关,这些要素将在下面讨论。

4.6.1 选址

观测网络与潜艇作业区的距离很重要,因为距离越短、信号越强。由于拟定的NEPTUNE项目的位置靠近位于华盛顿州的"三叉戟"弹道导弹核潜艇(Trident SSBN)基地,在潜艇离开和进入港口时,观测网络引起了人们的担忧。在具有大水平线阵列和/或大垂直线阵列的节点上,一个高性能水听器或检波器阵列可以获得SSBN的声学数据。反潜战中也有非声学"特征"的数据,然而,此类信息的保密限制了列表的完整性。由于这些特征信息可以用于探测和破坏这些潜艇的隐蔽能力,因此这些信息是高度机密的。还有其他一些方法利用这种阵列进行探测。此外，一些拟议的 OOI 全球网络站点也引起了大家的担心，因为它们可能位于 SSBN 活动区域附近。

4.6.2 阵列的能力

水听器或检波器阵列具有许多传感器和宽孔径，可获得较大的阵列增益和高分辨率，这两种能力对探测和跟踪安静的潜艇都至关重要，具有与现有 SOSUS 阵列类似功能的 NEPTUNE 项目的节点肯定会引起关注。此外，整个 NEPTUNE 系统的分布式特性将具备显著增强的能力，使其可以通过三角测量改善跟踪质量并提高信号-噪声水平。目前还未指定 NEPTUNE 在每个节点上的阵列配置（传感器的数量和位置）以及传感器组件的其余部分，因此无法确定其对潜艇活动的威胁。每个节点上的单个传感器可能不会造成太大的威胁，但每个节点上的 SOSUS 水平阵列肯定会引起海军的忧虑。

4.6.3 持续观测

观测网络的持续数据采集可能会消除潜艇逃避探测的任何机会，从而增加对潜艇活动的限制。可行的解决方案是通过与美国海军的预先安排来关闭、延迟或降低观测值。然而，即使有这种调度安排，该系统还是会收集到潜艇的过境或位置信息，这些信息也很有军事价值。另一种方法是使用广泛的噪声掩蔽手段，这将导致其自身的一系列操作问题，并可能降低科学观测的质量。

还有其他与系统配置和控制相关的安全问题。与海洋观测网一起使用的接线盒将被设计成可以接受各种仪器设备的接驳口（这些仪器设备按照电力和岸上通信系统协议运行）。这些接线盒的开放性和灵活性对科学界来说非常重要，因为在观测网络的预定寿命内，新的和改进的仪器将会出现。然而，这种开放性也带来了网络配置的控制问题。它需要制定相关程序，以便控制对接线盒的访问，且它应允许海军提前且充分地获悉与接线盒相连的仪器的性能。此外，如果系统的数据流被加密或采取其他措施限制其可用性，海军方面会感到不安，并希望实时访问这些数据。海军可能希望为反潜目的进行一些数据处理，仅仅是为了确保敏感信息不被泄露。执行这些要求需要大量的费用，这些费用尚未确定。

由于"三叉戟" SSBN 部队是美国国家安全计划的一个主要组成部分，海军将不允许位置传感器(例如 NEPTUNE)在其附近收集危及部队隐蔽和行动能力的数据。在解决研究界希望在最好的地点使用性能最强的仪器与国家安全之间存在的潜在冲突时，美国海军、新成立的美国国土安全部和美国国家科学基金会之间可能会陷入僵局。

美国国家海洋研究领导委员会已经设立了一个安全小组委员会，这是一个政府间的基础结构，可能有能力解决这些安全问题。还有两个特殊问题：①如果 OOI 希望遵循本报告其他地方所述的时间表，这些难题肯定需要解决；②潜艇安全问题涉及作战海军，而 NOPP 的研究重点更多，使作战海军必须参与这些讨论势在必行。

在任何观测网络安装之前，需要讨论并制定观测网络的安全政策，且还需要美国国家科学基金会、美国国家海洋研究领导委员会安全小组委员会、美国海军和美国国土安全部的高级官员参与这些讨论。随着观测网开始运营，需要一个持续的进程，以便在出现安全问题时处理这些问题，并定期审查安全政策和程序。

美国国家科学基金会和其他支持机构必须尽快着手与美国海军部部长办公室的对话。海军部部长是最佳选择，因为他可以代表整个海军在这些讨论中发表其所关注的问题。任何危及潜艇安全或其他海军能力的观测网络系统都将对国家安全构成威胁，并可能导致高层特别是海军的反对。根据当前时间表，观测网络系统的安装并不遥远，因此应尽快制定和实施涉及国家安全的政策，以免延误系统部署。

4.7　数据管理

过去数年里，为制定海洋观测数据管理系统的需求和政策开展了若干规划活动。虽然这些研讨会和报告的参加者所建议的需求和政策有所不同，但仍有一些主要的、涉及海洋观测网数据管理系统关键问题的主题。本报告所援引的需求和政策基于下列四个文件：

- 《照亮隐藏的星球：海底观测科学的未来》(National Research Council，2000)；
- 美国海洋 IOOS 数据与通信(DAC)子系统(Appendix V.8 in Ocean. US，2002a)；
- Argo 数据管理手册(Argo Data Management Committee，2002)；
- NEPTUNE 规划文件(NEPTUNE Canada，2000；NEPTUNE Phase I Partners，2000；NEPTUNE Data Communications Team，2002)。

已根据这些要求制定了 OOI 数据管理实施计划的建议。此外，OOI 将利用这些列出的、已经完成的工作。本报告提出计划为全球、区域和近海海洋观测网项目制定一项综合的、成本效益高的数据管理战略提供指导(不熟悉的术语见附录 B)。

海洋观测网的数据管理系统必须解决以下几个难题：

- 数据集的异质性：海洋观测网的数据产品由各种仪器生成，在格式、元数据、分辨率、数据验证等方面具有不同的特征。

- 缺乏现有的基础设施：有一些现有的数据存储中心可以处理由海洋观测网收集的部分数据类型，但这些存储中心并不适用于其他数据类型。此外，海洋数据管理中心的支持性工作由几个不同的机构分担。

- 观测网络数据的集成：为了从多个来源访问数据，需要对数据进行统一的质量控制，并通过所有观测网络的数据处理中心进行协调。目前，数据提供者和数据用户之间缺乏协调。

- 数据量：这些观测网络作为 OOI 的一部分，将产生巨大的数据量(大约 1 pb / 年)。这要求系统可以拓展，以适应数据量的增长。

由于海洋观测所涉及的学科种类繁多，每种观测类型的要求各不相同，因此应采用分布式数据管理体系结构，以便具有成本效益和可管理。为 OOI 拟议的观测网络系统有共同处理元数据和数据标准、数据处理策略和信息共享的需要。然而，为了发展高度自动化且具成本效益的数据处理系统，鉴于仪器配置、数据量和实时数据传送需求的不同，每个观测网络系统的指挥、控制和数据管理模型应采用不同的方法。表 4-2 总结了 OOI 数据管理系统的需求及其对数据管理系统软件、硬件设计的影响。

表 4-2 数据管理系统的需求和设计影响

需求	设计影响
海洋观测网的数据必须随时提供给科学界和公众	需要专业的数据管理系统(DMS)和数据存储库，为异构、协同系统之间的互操作性开发中间件框架
OOI-DMS 应该与为 IOOS/GOOS 提出的数据管理策略集成	开发一个"自由市场"，允许在全球范围内访问海洋科学信息，包括数据和官方认可的 OOI 产品，以及产品和其他来源的分析
OOI-DMS 应该提供观察元素和维护计划的最新状态	要求实时数据传输的容错能力。支持各类产品的特殊定制。接驳口利于安全的 DMS、系统监控、数据采集的要求和规划
OOI-DMS 应该向最终用户提供实时或接近实时的数据	为三种观测网络类型开发 NSF 和团体驱动数据和元数据存档标准

需求	设计影响
数据摘要和元数据应该实时可用	开发自动生成与数据关联的描述性元数据功能。需要允许基于机器或根据人类制定的查询原则快速定位和访问数据的数据探测服务。提供明确的引用和链接，确保用户可查阅数据版本
OOI-DMS 应连续性交付可靠的、从观察系统下行站点到建模操作中心和科学界的实时数据流	开发高度自动化和具成本效益的系统，内置快速检测和修正问题的建议反馈机制。识别所有用户的需求，协调和/或实施所需的行动。使用螺旋模型(IEEE Computer 21，1988 年 5 月)进行系统开发和技术植入，以保证系统的稳定性。识别所有用户的需求，协调和/或实施所需的行动
数据产品必须经过预处理，并以标准数据格式永久存档	来自不同观测网络系统的数据或数据产品必须可供用户查阅。开发全面、文档化、受支持的标准和协议，以保证所有观测和数值产品能够相互操作并交付。同时，还必须开发一个硬件资源管理计划
核心和团体工具提供的数据应不受任何关联用户或公众的限制	具备足够的数据传输能力，能够大容量交换建模中心与大容量用户之间的原始数据和模型输出。研发稳健的网络能力和标准化接口
核心仪器的数据产品应由观测网络的基本运作费用支撑	来自团体仪器和"研究者所有的"实验的数据产品应得到责任资助机构的支持。为这三种类型的仪器(核心仪器、团体仪器和"研究者所有的"实验)的数据制订数据管理计划
OOI-DMS 应支持将实验信息转换为合成数据产品，并协助研究人员集成和管理其数据集	开发一个可扩展的数据管理框架。为数据处理和同化过程的即插即用功能开发一个组件化的体系结构
OOI-DMS 应利用海底观测网络的基础设施和信息促进教育推广工作	让不同的团体能够在当前和未来的计算机应用中很容易地利用各种分布式的海洋数据
如果可能，应该使用现有的数据管理系统 COTS 软件	为私营部门提供参与机会，其就特定用户群体需求创造增值产品并成为强大发展引擎

来源：数据来自 National Research Council，2000；NEPTUNE Phase I Partners，2000；Appendix Ⅴ.8 in Ocean. US，2002a。

4.7.1 海洋观测网的数据管理架构

软件系统体系结构定义了各种数据管理服务的性能和关系，包括数据处理、数据归档、数据挖掘、操作和科学用户界面以及数据分发服务。每项服务将通过一组允许构建软件系统的组件具体执行。此外，系统的设计应该利用分布式系统体系结构，在跨多个服务器(包括本地服务器和局域服务器)的基础上具备可伸缩性。有实际经验证明，这些设计准则可以支持商业和研究环境中的大型数据管理系统。

数据管理系统(DMS)与传感器操作网络、科学用户、档案中心、程序管理、算法开发人员和校准工程师以及辅助数据源进行连接。建议 OOI-DMS 的设计采取以下优先次序：

- 高速处理数据并交付给科研用户；
- 具有先进的全流程自动化水平，提高速度，降低人工成本；
- 系统在意外事件下的高适应性，在处理优先级之间切换；
- 系统具备可伸缩性，以持续支持快速增长的数据收集和处理需求；
- 将系统扩展并引入新算法、处理器、传输介质、处理中心和命令站，以及新的观测网络节点的能力。

4.7.1.1　体系结构

软件体系结构设计的宗旨是定义一个参考 DMS，其中包括可以被集成服务于各种海洋观测网需求的组件。该结构应允许将任意数量的数据类型集成到系统中。核心目标应该是实现观测网络系统所需的可伸缩性和性能要求；包括便于捕获、定位、解释和分发科学产品的组件。最终的数据管理框架应达成以下目标：

- 可扩展性和可重用性，以适应不同的观测网络的需求和数据量；
- 独立的硬件配置，不受框架驱动；
- 数据库独立，不受框架驱动；
- 系统适应性，观测网络或项目的特定功能可以插入框架运行；
- 位置独立，从多个分布式存储库共享数据，用于分析、决策支持和知识探索；
- 易用性，提供便携、易于安装和管理的数据管理框架软件；
- 自主管理，基于规则进行管理并支持自主操作；
- 界面效率，提供一个应用程序接口(API)用于与用户分析工具进行接驳。

实现这些目标的一个关键原则是将数据体系结构与技术体系结构分离。数据体系结构指定了描述和交换可以随着时间的推移而发展的数据的标准模型。例如，XML 是明确数据交换格式的数据体系结构的一部分。又如，JAXR 是一个 Java™ 技术体系结构，它提供了用于处理 Java™ 中的 XML 注册中心的 API。如果出现了一种新技术，这种新技术仍然可以利用 XML 数据体系结构。但是，如果使用特定于应用程序的数据架构(例如 Microsoft Word 格式)，则很难在不影响数据架构的情况下应用新技术。该技术体系结构指定了地理分布数据系统之间的基本通信中间件、通用软件组件框架和使用数据体系结构的方法。数据和技术架构独立开发将延长 OOI-DMS 的使用寿命。

4.7.1.2　组件

虽然管理三种观测网络系统的数据会有不同，但仍有一些共通之处，如开发策略、元数据和数据标准，以及允许数据管理和数据存档的软件架构。这些组件描述了软件开发策略、标准化元数据和数据格式、归档策略和教育推广的重要性。图 4-6 展示了在典型的观测网络中支持 DMS 所需的组件(Hughes et al.，2001)。

本报告中的一些建议源自 IOOS DAC 组件定义(Appendix V.8 in Ocean. US，2002a)。此外，如果可行的话，应该利用研究界已开发的任何现有组件，包括元数据格式、数据格式、交换协议和 API。

4.7.1.3　元数据管理

与海洋观测网类似的分布式 DMS 应制定元数据标准，以明确元数据的内容和格式。应该在 OOI 项目一级设立一个数据管理委员会(见图 4-1)，以便为元数据建立简单的准则和可拓展的标准，并开发数据和元数据搜索和检索框架，以便能够在跨越观测网络计划所建立的多个资料库之间进行检索。该委员会还应制定有据可查的可靠的标准和协议，以保证所有数据中心之间的互操作性。标准和协议的制定应与其他国家和国际项目协调。

根据这些准则，数据中心的主要工作包括：

- 实施和维持全面的 OOI 数据探索服务；
- 确保数据和元数据之间联系的可靠性；
- 开发数据挖掘技术和分析框架，以识别特征信息并在大型数据集中检索集群(即事件通知和自主科学发现的能力)；
- 为地理项目、注册和子样本数据开发数据转换中间件(即共同注册)。

为了维持 OOI 要处理的大量数据，应该特别关注教育、培训和工具，以提高 OOI 在元数据生成和管理方面的有效性。

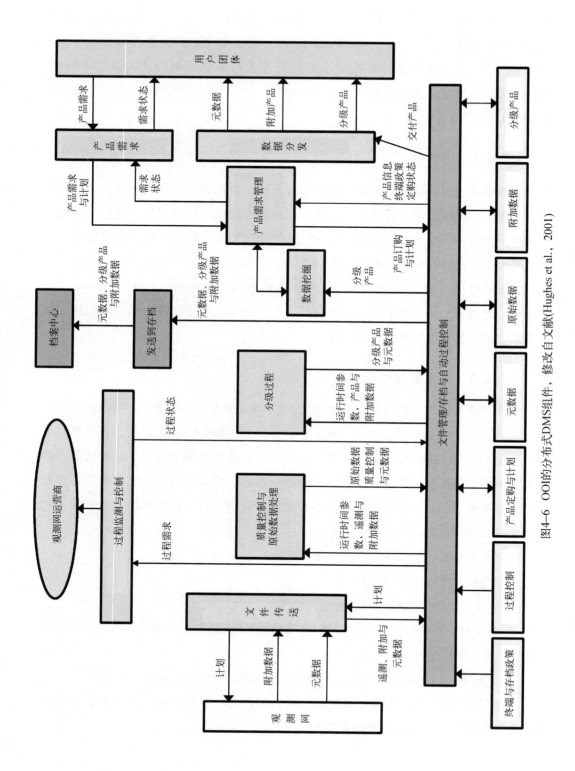

图4-6 OOI的分布式DMS组件，修改自文献(Hughes et al., 2001)

4.7.1.4　数据归档

海洋科学界尚未广泛接受及时、免费向其他科学界人士提供数据。例如，世界海洋环流实验（WOCE）的历史表明，让公众获得过去十年来的 WOCE 数据十分困难，数据处理中心在试图以统一的方式提供这些数据时也遇到了困难（Appendix V.8 in Ocean. US，2002a）。研究界也缺乏一个集中或协调的系统来存档和分发海洋学数据。虽然有些数据类型通过 NOAA 的美国国家海洋学数据中心（NODC）管理，但并不是所有的研究人员都将他们的数据提交给 NODC，NODC 也未将当今海洋研究人员收集到的各种数据全部归档。在许多情况下，数据的归档和分发已经成为个人研究者、机构或项目的责任。因此，有价值的数据通常无法大量获得，并可能随着时间的推移而丢失。

经验表明，海洋观测网项目不能依靠个人研究者来管理、存档或分发数据。数据必须按照国家和国际服务商制定的标准，通过已建立的数据中心进行专业管理和分发。由于海洋观测网收集的数据具有跨学科性质，它们不会单一地归档到这些数据的中央归档中心，而是归档到专门用于特定数据类型的分布式中心网络中（例如地震学、海洋学、生物学或大地学）。该项目将为科学家提供工具，以便在这个分布式数据中心网络（"虚拟"数据中心或"数据网格"概念）中搜索和检索数据。

OOI 程序应该有一个开放的数据策略，其中包含来自核心测试和团体实验的所有、尽可能接近实时的数据。因此，即使是在项目结束之后，数据存档中心也将需要持续的资金来支持数据存档和分发。同样还需将硬件升级、维护和介质迁移作为数据存档中心操作的一部分并提供资金。

4.7.1.5　用户扩展、应用程序和产品

OOI-DMS 的重点是以高效、可靠和及时的方式提供数据产品。为了实现这一远大目标，OOI 需要与拓展项目开发人员建立并保持联系。OOI 必须不断分析用户的需要，以判断 OOI 产品的质量和推出时间是否满足用户的需求。这些产品应侧重包括以下内容：

- 由 OOI-DMS 和档案中心根据共同商定的质量控制程序而维护的、观测结果的质量控制集合；
- 一个最低限度、有保证、有地理和时间参照的数据可视化能力、可通过标准的 Web 浏览器访问；

- 利用 OOI 数据的外部团体得到的产品信息。

为了实现这一目标，需要创建两个关键的用户界面：科学用户界面和运营用户界面。科学用户界面允许科学家输入产品请求。数据分发功能将处理对先前采集数据的请求，并对产品进行分段下载。系统将记录尚未获取的产品请求，一旦获取，系统将通知用户和安排分发。运营用户界面将允许系统操作员管理数据系统。

随着数据集的大小和复杂性(时间和空间分辨率)的增加，信息发现过程的不充分性也会增加，因为信息发现过程只能降低到数据集的级别。应引入数据挖掘技术，以便用户能够识别和检索"特征"，例如"墨西哥湾流的输运减少"或"胡安·德·夫卡海脊异常地震活动"。

4.7.1.6 数据系统安全

数据应根据全球、区域和近海观测网络采取的政策进行保护。由于国际武器禁运条例(ITAR)的管制，一些数据产品可能只能在美国使用。为了保护网络基础设施，传感器网络和指挥中心之间的通信应该包括对用户进行身份验证和数据加密的能力。

遵守各项安全措施的方法如下：
- 基于公钥基础设施的数据加密和用户认证；
- 安全的网络和防火墙；
- 基于用户档案和数据档案的认证；
- 日志和监控功能；
- 数据管理系统的安全计划；
- 风险评估与对策。

安全计划应包括数据管理系统的安全需求、硬件和软件体系结构、网络互联和内部体系结构以及系统组件。它还应包括非技术性安全特性，如人员、用户培训、开发和操作阶段的物理安全以及日常操作周期。最后，我们应讨论风险评估和对策，以防止操作失败，提高数据敏感性，并保护指挥和控制组件。出于对国土安全的担忧，这样的评估对于区域和沿海有缆观测网络来说极其重要。

4.7.1.7 管理和运行

从管理和运行的角度来看，OOI-DMS 应该：

- 保证系统日常运行(如数据采集、数据及元数据门户、监控、系统性能评估等);
- 保证与产品及档案设施的联系;
- 保障"帮助台"功能和软件的开发;
- 制定宣传政策。

4.7.2　打造观测网专用组件

观测网络的三个 OOI 组成部分(全球、区域和近海)都有不同的数据管理需求。一个区域性的有缆网络将会在一个单一的遥测链路上的不同传感器间产生大量的数据,虽然全球网络将产生更小的数据量,但系统在全球分布着网络节点,且其中每个节点使用不同的遥测连接到岸上设施。近海网络可能是这两种情况的混合体。因此,为了有效地管理由网络生成的数据流,数据管理能力和操作场景必须有所不同。

4.7.2.1　数据传输

全球和近海观测网的部分组成部件已经具备数据管理的能力,例如美国国家海洋学数据中心、联合地震学研究机构、Argo。但是,由于其中一些功能没有完全协调,在交换产品和及时分发数据方面可能会出现问题。应该借助工作组和国家与国际科学界的联合研究机会,制定一种通用的交换格式和数据字典。

正如 IOOS 建议所述,需要通过调查现有的实施方案并将其调整为适合海洋观测网的方案,以处理和实施下列课题:

- 健全的网络技术,在传感器子系统、装配中心、建模中心、产品生成中心、存储中心和数据用户之间实时和延迟传输数据;
- 可扩展的数据模型,确保不同传送数据的可交互性,如不存在相应模型,应建立该模型;
- 将从不同数据管理系统访问的数据转换为可交互的数据,如果不存在这种功能系统,则应该创建;
- 用于 OOI 数据管理网络的安全性、性能监视和故障检测的软件系统,如果不存在,则应该创建。

4.7.2.2　全球观测网络

虽然数据处理将在国家一级进行,但全球观测网络将为从气候研究到全球地震学等多个国际研究项目提供数据。根据系泊方式的不同，不同地点对数据的要求可能在数据量和与海岸连接的类型方面存在显著差异。而本网络上的许多仪器，包括气象、海洋和地震传感器的数据，都需要实时或接近实时性传输。因此，为全球观测网络搭建数据管理系统的困难在于配有国际共享节点的分布式网络建设，而不是生成的数据量。在网络工作中，就质量控制程序、数据分发标准、数据级处理和版本控制达成一致十分重要。Argo 项目的经验表明，我们必须开发用于唯一标记和跟踪数据集版本的技术。

全球网络数据管理系统应包括国际数据中心之间的分布式处理框架，这是一种独特的 Web 数据访问门户，这些数据在网络中使用质量声明进行注释，并为实时和延迟模式数据开发标准化的质量控制程序。

4.7.2.3 区域观测网络

基于海底电缆网络的区域观测网络对数据处理的要求与卫星系统相似，因为它将获得大量的实时数据(Tb/s 或更高)。未来若要解决软件或硬件网络功能单一的问题，需要为这些问题设计新型解决方案。该解决方案可能需要引入减少大数据传输需求的技术(例如更有效的子集设置、服务器端分析)以及改进的交付方案(例如更高的带宽、新的压缩方案)。

电力消耗，仪器、网络和水下机器人的资源管理应由自动化设施来处理，包括监控产品请求、数据访问和生产，以及过程监控和控制。虽然我们将使用分布式框架进行数据管理，但我们需要集中协调观测规划、数据处理请求和数据访问活动。

4.7.2.4 近海观测网络

由于近海观测网络可能包括可移动系泊和固定电缆或系泊观测网络系统，这些系统与全球和区域观测网络都有相同的要求。应在数据管理体系结构中开发可拓展的组件化功能，以适应未来观测网络的需要。中间组件的使用对于将现有功能同拟要植入体系结构的新功能合并至关重要。这些功能包括元数据分析、数据转换、API 和服务性组件，例如，公共对象请求代理体系结构或 Java™ 消息服务。

4.7.2.5 指挥和控制

虽然目前还不清楚海洋观测网的仪器指挥和控制是属于数据管理功能还是操作功能，但是 DMS 应该为控制命令提供接口以提供调度、仪表控制和监视、遥测处理、网络安全和维护方面的信息。为了实现规划和预期目的，应不断反馈所获得的数据和规划的观测结果。该组件的另一个重要方面是预测系统过载，并为仪器和系统监控提供信息，以保证系统的连续运行。该组件还应该包括对网络资源和数据流的自主控制能力。

4.8　教育和公众参与

现在，美国国家航空航天局（NASA）和美国国家科学基金会等资助机构的研究主管日益鼓励科学和教育相结合，并鼓励科学家更多地参与教育和公众参与（EPO）项目。美国国家科学基金会的地球科学理事会制订了新的地球科学教育方案，并向教师、学生和公众推广。NASA 也制订了战略计划，计划使其战略企业有责任将教育和推广项目"嵌入"其项目中。

1999 年 4 月 28 日，在对美国众议院科学委员会述职时，NASA 局长丹尼尔·戈尔丁说：

> 现在说"我们太忙了"不再是一种可以接受的做法。研究、知识创造和教育对于 NASA 都是同等重要的任务。我们必须将传统的教育方法与创新的方法结合起来，扩大 NASA 对教育的影响（U. S. House，Committee on Science，1999）。

同一天，美国国家科学基金会主任丽塔·科尔韦尔博士在向同一委员会述职时说：

> 所有研究人员——无论是在大学、国家实验室还是在太空站环绕地球飞行的飞行器中工作时——都应该把他们的研究与下一代的教育联系起来（U. S. Congress，1999）。

海底观测网络可向公众传达海洋科学发现的兴奋感，为教育推广提供独特的机会（National Research Council，2000）。观测网络研究的许多方面都适合教育和推广项目，特别是其从声学和光学传感器传输实时视频和数据的能力。在报告《照亮隐藏的星球：海底观测科学的未来》（National Research Council，2000）中提出的可能的推广内容包括：

- 通过互联网将图像和数据实时传输到博物馆和水族馆展品中；
- 在 K-12 课程中加入实时图像和数据提要［例如 JASON Project™（参见附录 B）］；

- 为 K-12 学生开发包含研究成果和科学家简介的课程模块；
- 利用观测网的数据为 K-12 教师设立暑期研究(休假)计划，以促进学生与科学家的互动；
- 开发包含实时图像和数据的公共网站，并通过公共电视节目宣传在观测网络中发现的、激动人心的科研成果。

大部分美国公众对科研的功能一无所知——大多数人无法解释一年四季的形成机制(Goodstein，2003)。美国科学研究界有义务帮助美国教育工作者提高公民的科学素养。美国国家科学教育标准(NSES)就全国教育工作者和科学家认为学生应在不同的 K-12 年级水平知道并能够理解这些知识(National Research Council，1996)达成了共识。NSES 还强调了为教师提供最佳教学实践、准备和专业发展方案的必要性，并实施了系统化的教育改革。

EPO 应是观测网络工作的一项重要目标，以便让 K-12 学生和有兴趣的公众参与海洋科学研究项目。EPO 项目应该使用海洋研究数据来帮助学生和教师认识科学和教育，而不仅仅是为了娱乐(National Research Council，1996)。

海洋观测网 EPO 项目应与美国国家海洋基金最近资助的海洋科学教育英才中心(COSEE)合作实施。长期以来，海洋基金一直参与 K-12 教育和公众参与工作，致力于将大学里的海洋科学家与教育工作者联系起来，以扩大由海洋基金资助的海洋研究项目的效益。一般来说，海洋基金 EPO 管理者都是科学教育工作者，他们在海洋和水产科学内容、教育教学法和大学预科课程开发方面具有专业知识。这些高素质的海洋和水产教育工作者在一个成熟的基础设施内工作，并与全国各地的许多大学预科学校、博物馆、科学中心和水族馆建立了宝贵的联系。

美国海洋科学委员会有 8 名委员，负责在国家层面协调正式和非正式的海洋科学教育项目。这些区域中心和其他类似设施、项目将有助于促进研究与高质量教育资源的整合，构建一个海洋文化社会，为教师的职前培训和专业发展提供机会，为在职教师、本科教师、行政人员以及其他受众提供专业发展计划。

在海底观测网计划中建立可行的 EPO 计划的最具成本效益的方法是避免冗余，并利用现有的海洋基金和 COSEE 计划。借助美国国家科学基金会提供的资金，拟定的海洋基金和 COSEE 可以扩大其 EPO 工作，包括与国家海底观测网工作有关的、更广泛的海洋科学研究工作，这种专业知识的作用意味着若参与海洋基金计划必须适应更全球化的视角，以确保在 EPO 活动中利用全球、区域和近海观测网的所有成果。

拟议的 OOI 项目办公室包含一个 EPO 协调员，以监督和协调 OOI 内不同级别的 EPO 活动。EPO 协调员的作用之一应该是协助观测网络项目的主要研究人员与适当的海洋基金、COSEE 以及相关的 EPO 项目经理建立 EPO 合作和伙伴关系，主要研究人员应能够根据个人研究情况、方案需求或不一定完全基于办公地点的评估，为其 EPO 活动选择海洋基金或 COSEE 项目。其他必须考虑的因素包括未来海洋基金、COSEE 或其他适当的 EPO 管理人员的资格，他们将通过这些机构、专业组织、学术机构、私营部门或工业界提供可能的匹配资金或资源参与观测网络计划。

EPO 协调员应与指定的 EPO 官员（无论是海洋基金还是 COSEE）为每个观测网络项目建立具体目标。该目标应包括在观测网络研究计划与 K-12 学校、博物馆、水族馆和其他公众参与机构之间建立具体的伙伴关系。EPO 项目应通过将已确定的海洋科学概念纳入国家科学教育标准，从而提高全民的科学素养。

《照亮隐藏的星球：海底观测科学的未来》（2000）中提到的最有前途的潜在活动之一，是为 K-12 教师设立陆上或海上暑期带薪实习岗位。这些实习将使课堂教师在海洋科学研究的许多方面获得实践和探究性经验。这些面向实习、职前和在职教师的讲习班（两到三天）或研讨班（三到四周）也许是激发和吸引教师参与科学的最有效方式，以提高他们的知识和工作效率；并鼓励他们利用海底观测网提供的机会，制定新的创新教学策略。

美国国家科学基金会资助的研究和教育项目就是一个很好的例子：由华盛顿大学海洋系运营的研究与教育——火山探索和生命（REVEL）项目。REVEL 项目指出：积极进取的科学教师渴望有机会从事科研活动，并追求与前沿创新科学家之间的互动。该研究的范围涵盖了从生命起源到生物技术新研究的各种科学问题。（REVEL Project，2003）

自 1996 年 REVEL 项目启动以来，大约有 50 名科学教师参与其中。这些教师中有许多人参加了"汤玛斯·G. 汤普逊"号的考察航行，由于他们在海洋学方面获得的经验，他们对科学教育的积极性很高。OOI 还可以参照其他模式的 EPO 项目。

美国国家科学基金会或 OOI 项目办公室一旦成立，应就举办研讨会一事征求建议，以解决本报告中提出的 EPO 问题，并为海洋研究观测网络制订一套具体的 EPO 实施计划，包括 EPO 活动的预算建议。这个工作组应该由 20~30 个人组成，包括与海洋基金、COSEE、水族馆、科学中心和科学博物馆有密切联系的教育工作者。参加研讨会的一些人应为领导建立国家观测网络的研究科学家，以确保从一开始就在研究界和教育界之间建立有效、主动的对话。2003 年 5 月，在罗德岛的纳拉甘塞特综合大洋钻探计划组织举办了一个类似的教育研讨会，大约有 80 名正式和非正式的教师、教育工作者和科学家参加。这次研讨会的报告于 2003 年夏季前发布。

4.9 分阶段建造及安装观测网络

OOI 在 2006 财政年度后的五年内提供约 2 亿美元，用于购置和安装海洋观测网的基础设施（见图 1-2）。本节讨论未来两到三年的科学规划、工程开发和系统测试需求；描述可能影响三个主要 OOI 组成部分实现的阶段性因素；并为五年的OOI-MREFC 计划提出实施策略。

为每个 OOI 组成部分（全球、区域和近海）的建造和安装制定详细的成本分析超出了本研究的范围。这些要素的规划基本上独立于其他要素，而尚未作出关于具体建议的重大决定。虽然目前不可能作出准确的费用估计，但为 OOI 的三个主要组成部分制订详细和全面的项目执行计划和费用分析，需要由具备专业知识的第三方专家尽快进行审查。这些计划于 2004 年年底前完成，并于 2005 年年初进行审核。如果为 OOI 设想的基础设施的总成本超过了 MREFC 所提供的资金，则需要重新评估每一个拟议组成部分的范围以及相对优先级。

4.9.1 安装前的规划和开发需求

像 OOI 这样庞大而复杂的项目，需要在安装 MREFC 资助的基础设施之前进行大量的规划和开发工作。这些工作已经进行了一段时间（见第 3 章），但仍有许多工作有待完成；从现在到建设安装开始，我们还需要加快规划和研发。这一工作将需要大量的额外资金（今后两至三年内，需要几百万美元）。

安装前规划的首要任务是建立 OOI 项目办公室，本章 4.1 节对此进行了详解，以监督和协调这些规划活动。据了解，该办公室于 2003 年年底前成立。如上所述，项目办公室的第一项任务应该是制订一个详细和全面的项目实施计划。

项目办公室还需要监督科学和技术计划，以便更好地确定特定观测节点和观测系统的位置、科学目标以及核心仪器和基础设施要求。科学规划将允许个人、团体和项目通过同行评审的机制在观测网络基础设施的研究时间、带宽和电力使用方面进行竞争。这一进程应立即开始，并涉及海洋科学界尽可能广泛的领域。这个过程可能包括规划研讨会、征求并审查来自个人和研究团体的建议，以及为项目办公室设立科学和技术咨询委员会。

OOI 项目办公室的第三项主要任务应该是为 OOI 制订一个全面的数据管理计划，以及一个创新和有效的 EPO 计划策略。

除了科学和计划规划，在 MREFC 开始资助之前，就需要开发和测试为 OOI 设想的更先进的观测网基础设施组件（这些需求在第 3 章中有详细的叙述）。目前我们已经获得了一些资金，用于关键子系统的原型设计和测试，并为有缆和系泊浮标观测网络，例如声学连接海洋观测系统（ALOOS）、MARS、蒙特利湾海洋研究所海洋观测系统（MOOS）建立试验台。但是，还需要额外的资金来完成其他开发和测试工作，尤其是对多节点、环网拓扑的电力和通信子系统的测试，以及对高带宽、电缆连接系泊浮标的关键子系统的设计、原型开发和测试（即电-光-机型电缆和柴油机发电）。在此期间，还应完全评估在某些全球观测网络使用退役电信电缆的技术可行性和成本效益。

4.9.1.1　海洋观测网拟议的实施策略

如图 1-2 所示的 OOI-MRFEC 基金从 2006 财政年度的 2 700 万美元增至 2008 财政年度的约 8 000 万美元，并在 2009 财政年度和 2010 财政年度减至约 4 300 万美元或 4 400 万美元。虽然还不清楚改变这些拟议年度支出的可能性有多大，但 DEOS 指导委员会或 OOI 项目办公室应审查这一资金概况，并确定其是否适合 OOI 的具体要求。

考虑到这五年期间可能分阶段建造和安装海洋观测网基础设施，我们综合了若干标准，包括科学和技术准备、风险、成本考虑、回报和再利用的可能性。表 4-3 总结了 OOI 三个部分的标准，以下各节将讨论这些标准并详述拟议的分阶段策略。由于资料不足，无法编制五年的建造和安装预算，已将五年的 OOI-MREFC 计划分为三个不同阶段（早期、中期、后期）。

表 4-3　海底观测网络的阶段性实施标准

	全球型	区域型	近海型
科学准备情况	科研目标明确；科研规划非常成熟，约 20 个潜在的多学科观测网络已确定，国际协调良好	科学目标明确；NEPTUNE 系统的科学规划已经成熟。但是需要更好地确定位置、科学目标和各个节点的基础设施需求	科研规划尚处于起步阶段；在 OOI 中相对重要的移动先锋阵列、有缆观测网络和长时间序列站点，需要更多了解业界意见。与 IOOS 沿海站点的关系需要明确

	全球型	区域型	近海型
技术准备情况	中低纬度、低带宽声联系泊现已可行；电缆连接和高纬度系泊需要在大规模部署前对关键子系统（EOM 电缆、C 波段天线、电力）进行原型设计和测试；再次利用退役电信电缆需要进行可行性研究	电力和遥测系统在设计方面取得了重大进展，但尚未作出最后的设计决定。目前正在开发用于验证主要子系统的两个试验台。需要完整地使用多节点、环路网络拓扑的系统集成测试	先锋阵列和 Codar 使用标准的"现成"技术；有在沿海环境中使用简单的电缆系统的经验；需要研发更复杂的网络拓扑或多节点的有缆观测网络；捕鱼、腐蚀、破坏公物等问题需要解决
风险	低到中纬度低带宽系统低风险；中低纬度高带宽系统中等风险；高纬度系统高风险；在某些高纬度站点应考虑电缆再利用，以尽量减少风险	由于电力和通信系统是新兴事物，并且由于多节点、多回路网络拓扑结构的复杂性，该系统具有中到高等的风险性。可以通过测试台和分阶段安装验证设计，将风险降到最低	沿海雷达系统风险极低；系泊阵列的风险由低至中不等；电缆的风险低
财务因素	每个节点的单位成本约为 100 万美元至数百万美元；总成本根据所需的系泊系统数量进行调整	希望尽早获得电缆资源并签订安装合约，以从当前不景气的市场中获得廉价成本；分阶段安装将增加总成本	需要进一步明确 OOI 近海网络的组件，似乎分阶段安装不会对成本产生明显影响
回报	这取决于科研情况，但早期回报的概率很高，尤其是在偏远地区	由于路线调研和审批需要大量的筹备时间，因此不太可能在五年规划的后期开始作业	第一个先锋阵列的运行或现有近海观测网络的扩建将有可能为我们在初期提供效益
再利用	与其他国家（日本和英国等欧洲国家）进行国际合作	与加拿大合作的可能性很高，可能还会与其他国家合作	对来自州和其他联邦机构、IOOS 的资金加杠杆的可能性很高

4.9.1.2 全球观测网络

全球观测网络的科学规划已经成熟，并已达到确定每个节点的具体地点和多学科仪器需求的程度（见第 3 章；表 3-1）。目前正在国际一级协调选址工作，并有很大的机会利用美国国家科学基金与其他国家资助的其他节点进行的投资（附录 E）。为许多低纬度和中纬度地区设计的低带宽海洋系泊系统已经用于海洋和气象设置，一旦资金到位，就可以建造和部署更多的浮标。建议优先考虑填补现有时间序列下的观测网络系统的空白，并满足跨学科研究需要的站点（DEOS Moored Buoy Observatory Working Group，2003）。这些地点在初期获得科学回报的机会很大，特别是在气候和海洋研究应用方面。

　　然而，作为全球方案的一部分，拟议的高纬度和高带宽浮标系统将需要更多的原型设计和测试，然后才能开始大规模的建造和部署这些系统(见第 3 章)。拟议的高纬度地点天气恶劣，包括高空风和海面风，这将需要新的工程方法来设计浮标和系泊设施，以确保其生存能力。所拟议的高带宽浮标系统也是新设计，需要验证和测试其关键的子系统(例如 EOM 电缆设计和终端、C 波段天线性能和无人值守柴油发电机的可靠性)，前期最好在低纬度或中纬度地区部署一个原型系统。

　　根据这些考虑，建议分阶段安装全球观测网络(专栏 4-2)。将 OOI 分为三个阶段，每个阶段约为一年半至两年。

专栏 4-2　全球观测网络的分阶段安装

一期：
- 建造及部署三至五个中低纬度、可重新部署、低带宽带浮标/系泊设施，并与海底声学连接；
- 建造并试验部署一个低带宽浮标/系泊系统原型，由 EOM 电缆连接至海底接线盒；
- 在低纬度、易接近地点建造和测试高带宽浮标/系泊系统原型；
- 如初步研究结果良好且电缆位置合适，可建造并部署有缆观测网络(二次使用电缆)。

二期：
- 建造并部署三至五个中低纬度、可重置的低带宽浮标/系泊设施(通过声学或电缆线相连至海底)；
- 建造及测试部署高纬度浮标/系泊系统原型；
- 如果一期部署设施成功，则建造和部署新的有缆观测网络(二次使用电缆)。

三期：
- 在中低纬度地区建立约五个高带宽节点(系泊设施或二次利用电缆，视可行性而定)；
- 建立大约五个高纬度节点(系泊设施或二次利用电缆，视可行性而定)。

4.9.1.3　区域观测网络

　　得益于美国和加拿大 NEPTUNE 团队的努力、科研成果和技术，我们规划了一个板块级有缆观测网络。东北太平洋在这方面十分领先(NEPTUNE Phase I Partners,

2000）。然而，正如第 3 章所描述，像 NEPTUNE 这样的大型板块级有缆观测网络在工程上面临着一些巨大挑战。为满足这些工程需求，在开发和测试新技术方面取得的进展以及 NEPTUNE 有缆观测网络所涉及的许多任务所需的较长准备时间，将对 OOI 项目的 MREFC 的资助时间规划造成严重限制。

NEPTUNE 系统的电力和通信设计将与常规海底通信电缆系统明显不同。NEPTUNE 的多节点、多回路网络拓扑结构，对于海底电缆系统来说也是前所未有的新构想。其工程和技术问题正在若干方面得到解决。目前已经完成或正在进行电力和遥测子系统的工程设计研究，且正在开发两个试验台［维多利亚海底实验网（VENUS）和 MARS］来验证这些系统设计。然而，根据目前的资助情况，MARS 将只对部分关键电力和数据遥测子系统进行测试，并不测试相对较短的单电缆、单节点设计的运行情况（这些子系统具有类似 NEPTUNE 的更复杂的多节点、环形网络工作拓扑结构）。在完全部署这样一个网络之前，建议对所有主要子系统（电力、遥测、定时、命令和控制）进行多节点、环状网络拓扑结构的完整集成测试。这个测试可以通过在陆地上进行全配置测试，或者在初始阶段分阶段部署网络来完成。虽然分两阶段安装的成本将超过一次性安装的成本，但是这种方法能够降低风险，应该是值得的。

重要的后勤考虑也将影响类似 NEPTUNE 系统的安装时间。获得必要的许可，特别是在靠近电缆着陆点附近，可能需要长达两年的时间。电缆线路需要在安装前进行勘测，以便评估海底特征和地形对其的影响。而制作和测试电缆也需要时间。此外，节点必须单独设计、订购、制造和测试，并在最终配置环境下进行测试。鉴于当前电信业不景气，购买电缆及签订安装合约可节省大量成本；NEPTUNE 系统可能不会使用标准的海底光放大器或电缆电力系统，所以可能需要非标准型电缆。在整个建造和安装阶段，需要进行广泛的计算机建模和物理测试以模拟和验证主要子系统（电力、遥测和定时）的运行以及整个系统的运行状况。

建议在五年的 MREFC（专栏 4-3）期间分阶段安装一个类似 NEPTUNE 的、区域有缆观测网络。

专栏 4-3　区域观测网络的分阶段安装

一期：

● 完成子系统（电源、遥测和定时）和系统设计，通过大量计算机建模完成子系统和系统的仿真和测试；

● 利用原型和试验台验证系统和子系统的设计；

- 测试多节点、环路网络的设计；
- 启动许可申请工作，进行电缆线路调查；
- 购买电缆(如果资金允许)并评估存储成本；
- 设计、构造和测试节点，并进行验证实验；
- 完成最终的网络配置设计。

二期：
- 完成电缆的采购和装配，以及电缆测试；
- 在试验台完成节点的概念测试；
- 采购和制造节点测试组件；
- 完成许可申请工作；
- 现场全配置测试验证多节点环路网络设计；
- 根据需要修改系统和子系统设计；
- 建设第一个海岸观测站；
- 安装连接至单个海岸观测网的首条主回路；
- 在首条主干回路上安装节点和核心传感器。

三期：
- 进行系统集成测试，建模验证系统和子系统；
- 在首个系统成功运行后，安装第二、第三主干回路和第二个海岸观测网络及其节点及核心传感器；
- 在节点上安装共享仪器并进行科研实验；
- 启动整个系统，开始网络运营。

4.9.1.4 近海观测网络

如第3章所述，在OOI的背景下，近海观测网络的科研规划始于2002年，但在空间测量和高分辨率时间序列之间的适当平衡问题上，研究界仍未达成共识。此外，在美国沿海水域，包括五大湖地区，建立一些长期的时间序列站点，使用电缆和浮标是必要的。然而，计划部署的系泊设施是否能满足这一需求，或者OOI是否需要专门用于沿海海洋研究的系泊设施，目前还没有达成一致意见。沿海研究团体将需要就先锋阵列、有缆观测网络和长期测量地点之间的适当平衡达成共识，以满足未来沿海研究的需要。这一共识可以通过汇集包括美国海洋协会代表在内的不同的沿海团体来实现。汇集后的讨论重点应放在执行工作上，并切实考虑可重新部署和永久观测系统的相应组合。该项规划工作应确定长期时间序列场址的数目和地点，以及这些场址所需的仪器。

虽然还需要更多的科研规划，但近海观测网络的现有技术相对成熟，这些系统的安装在 MREFC 的五年时间范围内是可行的。然而，仍然存在一些重要的技术挑战。生物附着和腐蚀仍然是长期沿海海洋观测工作的重要威胁，需要作出重大努力来减轻其影响。海岸系泊没有配备双基地雷达阵列，而且它们很少集成用于生物地球化学相关测量所需的新一代生物光学传感器。对于沿海雷达阵，多基地阵列的发展将需要进一步开发同步定时技术，使不同的雷达使用相同的无线电频率。沿海有缆观测网络在很大程度上因缺乏出色的自动水体剖面传感器而受到限制。

在业界就沿海研究型观测网络所需的基础设施达成共识之前，任何实施计划都相当抽象。以下构想(专栏 4-4)假定建设两个先锋阵列、建立一个沿海仪器试验台，一个新的沿海有缆观测网络，并扩展国家 IOOS 沿海长期时间序列系泊网络以及其附加性仪器设备，使其适合跨学科的沿海研究。

专栏 4-4　近海观测网络的分阶段安装

一期：

● 完成先锋阵列的设计；

● 构造并现场测试先锋阵列的原型；

● 建立海岸有缆观测网络的试验台，研发新的仪器和自动剖面分析能力(可以通过升级现有的海岸电缆设施以节省成本，即便成本效益不应成为选择站点的唯一标准)；

● 研发并测试仪器，以增强 IOOS 沿海系泊系统的测量能力；

● 开发 GPS 定时系统，以提高多基地雷达阵列的分辨率；

● 为海岸有缆观测网络选择一个新站点，以扩大其在现有海岸电缆设施取样的环境范围。

二期：

● 评估先锋阵列原型的性能，改进设计，解决发现的问题；

● 开始购进第二套先锋阵列；

● 安装新的沿海有缆观测网络；

● 用核心和团体仪器来增强 IOOS 海岸系泊系统，使其适合长时间序列的海岸研究。

三期：

● 部署第二套先锋阵列；

> ● 在新的沿海有缆观测网络上安装核心仪器和团体仪器；
> ● 用核心仪器和团体仪器来增强 IOOS 海岸系泊系统，使其适合长时间序列的海岸研究。

4.9.2　打造数据管理系统

OOI-DMS 的建立须分阶段进行，并与观测网络设施的安装同步(专栏 4-5)。虽然每个观测网络系统的操作人员会各自管理其数据，但为了确保不同观测网络类型之间的兼容性，必须在项目层面进行协调。OOI 项目办公室应成立一个数据管理咨询委员会来监督专栏 4-5 所列的实施策略的落实。

专栏 4-5　数据管理系统的分阶段运行

为确保不同数据产品、分发和归档系统的兼容性，第一阶段主要是一个设计阶段。

一期：

● 定义元数据和数据格式；

● 设计遥测组件，确保仪器控制且数据可从仪器流向数据采集中心；

● 就近实时数据质量控制(QC)程序达成共识；

● 建立数据管理体系结构，定义数据流，以便收集、实时验证、实时分发、延迟模式 QC 和生成产品(对于开放的海洋网络，这项工作必须与参与全球观测网络研发的国际机构合作)；

● 借用其他正在构建的大型团体数据管理系统(例如 IOOS、GOOS)的机构和团体的努力；

● 定义数据安全需求；

● 测试第一阶段部署的远洋观测网络数据管理系统。

在第二阶段，实现全球和近海观测网络的核心仪器的数据处理能力，并开始为区域有缆观测网络建立数据管理系统的原型。

二期：

● 在数据收集中心中实施质量控制和数据处理程序的标准化；

● 建立新的数据中心或在已建立的数据中心(如美国国家海洋学数据中心、联合地震学研究机构、数据管理系统)建立向用户分发观测数据的系统；

- 建立近海观测网络的初始数据管理系统；
- 开发区域有缆观测网络的数据处理系统原型；
- 为在国际 GOOS 和国家 IOOS 级别上交换观测网络数据制定机制和政策。

在第三阶段，所有属于 OOI 的观测网络的核心仪器、团体仪器和个人研究仪器应实现数据处理能力。

三期：

- 扩展全球和近海组件的数据管理系统，包括高带宽浮标或有缆观测网络；
- 建立区域有缆观测网络业务的数据管理系统；
- 在新建或已建立的数据中心中对海洋观测网数据进行存储，并将数据分发和存储功能与 IOOS 和 GOOS 集成；
- 将数据产品用于 EPO 活动。

5 海洋观测网相关设施需求

海洋观测网的安装和维护以及相关科学研究活动的开展，都将对大学-国家海洋实验室系统(UNOLS)的船队以及美国海洋学界的深潜设备提出特别需求。在许多情况下，这些需求可以由学术界现有的船只和深潜器来满足；在其他情况下，还需要在学术界资产池中增加更多的资产或从工业界租用。UNOLS 工作组正对海洋观测设施需求进行全面研究，本章仅对这类需求做了初步评估。

5.1 船 舶

海洋观测计划(OOI)的船舶需求大致可分为两个阶段：①安装；②维护与运行。如表 5-1 所示，系泊浮标和有缆观测网络在这方面的要求有明显差异。

5.1.1 系泊浮标观测网络

5.1.1.1 安装对船舶的需求

作为全球网络的一部分，许多站点将利用浮标和系泊设施，这些浮标和系泊设施类似于目前的海面和次表面系泊设施；站点的海底硬件将类似于当下部署的海洋仪器。这些浮标可由一个大型的、全球级别的 UNOLS 船安装，该船具有在大多数海域工作所需的载重能力、起重机、海上续航能力和耐力特性。与海底仪器声学连接的浮标不需要潜水器安装。浮标由一根电-光-机型(EOM)电缆连接到海底接线盒，但是，需要深海遥控潜水器(ROV)来安装接线盒和海底仪器。每个站点安装预计将需要一个月的船期，包括运输时间、额外的天气天数和额外的不确定性天数(例如与港口相关的问题)，以及大约一周的现场工作时间(即回收时间、部署时间、船上和观测网络传感器的现场比较以及观测网络现场的船上科研活动)(见表 5-1)。

高纬度地区和需要高带宽的地区需要更大的浮标设备，以便其能够在公海上保

表 5-1 OOI 全球、区域和近海观测网络相关的船期需求预测

观测网类型	详情	节点数	船型	船期（月）	备注
全球系泊设施	安装低带宽	1 个节点/10 个站点	UNOLS 全球级	10（单次任务）	如果为声学连接，则不需要 ROV
全球系泊设施	安装高带宽	1 个节点/5 个站点	工业特许级（1 leg）UNOLS（1 leg）	10（单次任务）	安装接线盒/海底传感器需要 ROV
全球有缆观测网络（利用旧电缆）	电缆小范围移动	1 个节点/5 个站点	UNOLS 全球级	5（单次任务）	安装接线盒/海底传感器需要 ROV
全球系泊设施或有缆网络	高带宽和恶劣环境下维护	10 个	UNOLS 全球级	10/年	海底传感器维护和安装需要 ROV
全球系泊设施	中纬度/热带区域维护	10 个	UNOLS 全球或大洋级	10/年	如果为声学连接，则不需要 ROV
区域有缆网络	安装主电缆回路	—	工业电缆敷设用船舶	5（单次任务）	假设电缆长度为 3 700 km（12%掩埋）
区域有缆网络	安装节点/核心传感器	30 个	UNOLS 全球级	8（单次任务）	需要 ROV；大概需要 2 个野外工作季
区域有缆网络	维护主干电缆	—	工业电缆敷设用船舶	0.5/年	与工业界签订备用维修合同
区域观测网络	节点和传感器维护	30 个	UNOLS 全球或大洋级	4~8/年	需要 ROV，在东北太平洋的工作仅限 5—9 月

续表

观测网类型	详情	节点数	船型	船期（月）	备注
近海系泊设施	安装	75 个	UNOLS 区域级	5（单次任务）	2 个先锋阵列；不需要 ROV
沿海有缆观测网络	安装	1~2 个	电缆敷设船	2（单次任务）	假设有一个有缆观测网络
近海系泊设施	年度维护	75 个	UNOLS 区域级或本地级	5/年	2 个先锋阵列；不需要 ROV
沿海有缆观测网络	年度维护	<5 个	UNOLS 区域级或本地级	1/年	需要潜水员或 ROV（深海）

注：假设全球观测网络——20 个全球节点，电缆系泊节点、电缆系泊节点，以及 5 个电缆再利用点和水下系泊；假设在所有节点上进行年度维护。区域观测网络——3 700 km 电缆和 30 个节点；1 周/安装节点及核心传感器。近海观测网络——配有两个 30 个节点的先锋阵列和 15 个观缆索或系泊观测点的长时间序列观测点。本表不包括超出每年观测网络运行及仪器维修所需的科研船船期时间。来源：文献（DEOS Moored Buoy Observatory Working Group, 2000; NEPTUNE Phase 1 Partners, 2000）。

持稳定并支持船上发电的规划。地球和海洋系统动力学（DEOS）系泊浮标型观测网络的设计研究（2000）描述了一个可选的约 40 m 长的水面杆状浮标，但其系泊索的尺寸和数量甚至超过了最大的 UNOLS 船只的承载能力，主要原因是这些船只也缺乏甲板空间和卷扬机、绞盘能力（DEOS Moored Buoy Observatory Group，2000）。商业近海二级安装船、锚处理拖船和海军舰队拖船都非常适合部署杆状浮标和系泊设备，可以租用（图 5-1）。随后安装上层甲板模块和仪器仪表、海底接线盒，在安装了杆状浮标和系泊设施之后，可以使用一艘大型的 UNOLS 行动船（或同等能力的商业船）部署海底仪器，尽管船上还需要一些特殊的处理设备，而且作业受天气的制约。商业拖船可以用来拖曳浮标，一艘大型船只将有能力在甲板上携带杆状浮标，并且一次可以携带多个。这样的船将提供更快的运输速度，并可防止浮标磨损和免于拖曳。为了安装海底接线盒和仪器，还需要具备动态定位能力和带有深海遥控潜水器的舰艇。

图 5-1　近海能源工业二级水下施工船"Mionight Arrow"号。像这样具有大起重能力、大载荷能力和充足甲板空间的船舶，将非常适合部署、安装、维护和更换大型杆状浮标、系泊设施和海底节点。本图由火炬海洋公司提供

可采用小型或中型 UNOLS 船或同等商业船安装沿海系泊设施，例如为先锋阵列或为长期时间序列站点设想的系泊设施相当简单。为安装浮标及系泊设施，以及对船上及观测网络传感器、天气应变时间的实际考虑，估计每个系泊系统所需的船期约为两天。

5.1.1.2　运营和维护对船舶的需求

公海系泊是全球观测网络的一部分,需要大量的大型船舶和深海 ROV 及时间进行维护。由于生物附着、海洋空气腐蚀、电池更换、柴油加油和浮标掉头等原因,水面系泊设施需要每年进行维护。可以使用大型全球级 UNOLS 船来执行低带宽和高带宽系泊设施的日常维护,但不包括回收大型杆状浮标。用于高带宽系统的机械部件、电子设备,甚至柴油发电机都可以在海上使用标准的 UNOLS 绞盘和起重机进行维修或更换。如果必须更换大型杆状浮标,则需要商业工作船或重型起重船。使用 EOM 海底接线盒电缆连接的系泊设施需要动态定位和深海 ROV 来服务或安装仪器。考虑到老化问题,尤其是高纬度或环境恶劣的站点,需要定期检修或更换系泊设备,而例行的浮标检修/更换可能三至五年才进行一次。为维护远程全球网络站点,预计每个节点大约需要一个月的船期(包括往返站点的时间)。沿海系泊设施也将由一艘小型或中型 UNOLS 船只或同等商业船只提供定期服务,可能至少每季度一次。沿海系泊设施维护每年需要两天的船期(保守估计)。

系泊浮标维修的特殊要求使船舶调度缺乏灵活性。由于电池寿命和燃料供应有限,我们需要更换生物燃料和风化的传感器,船舶需要定期对选定地点巡查(大约每12个月一次),且船舶出海后几乎没有回旋余地(在两周内)。这一要求,加上全球观测网络的许多偏远位置和高纬度地区的小型作业气象窗口,对 UNOLS 的船舶调度产生了强力制约,特别是如果每年必须巡查分布在所有主要海洋盆地的 15～20 个站点。由于观测网络故障需要紧急维修,且可能需要在恶劣天气月份对偏远地区的故障进行维修,这也将使船舶调度变得复杂,可能造成重大延误。从积极的方面来说,定期巡查海洋中的偏远地点将为其他科学研究提供机会,即研究那些原本很少访问的区域。沿海系泊设施将不受这个问题的影响,因为它们易于接近。

5.1.2　有缆观测网络

5.1.2.1　安装对船舶的需求

安装电缆观测系统将使用工业船和 UNOLS 船,并需要使用高分辨率海底测绘系统和海底取样系统进行详细的安装前电缆路线调查。此外,调查所需的时间将取决于电缆线路的长度和近地面和海底测绘的需要。这些需求可以由现有的 UNOLS 资产来满足，也可以通过行业合同来解决。需要用商业电缆敷设船（见图 5-2）来安装主光缆，并在必要时将其埋设在水下（水深 2 000 m 以下）。根据拟议的东北太平洋时间序列海底网络实验（NEPTUNE）系统规划，敷设约 3 700 km 的电缆估计需要 159 天（约 5 个月）的船期，包括敷设后的检查和掩埋（B. Howe，华盛顿大学，私人交流，2003）。敷设有回路和分支的电缆可能需要使用两艘电缆船。如果计划分阶段安装，这项工作可以分两个季节进行。随后的节点、核心仪器和团体仪器的安装可以使用配备了动态定位系统和 ROV 的大型 UNOLS 船。假设每个节点的船期为一周（节点安装大约为两天，传感器安装大约为五天），那么安装一个像 NEPTUNE 一样的、30 个节点的网络（包括航渡）大约需要 8 个月的船期。考虑到东北太平洋的气候限制，这项工作可能需要两个连续的季节才能完成。

图 5-2　电缆回收船。这是一艘最先进、专门设计、配备 ROV 的全船尾工作电缆船（全视图；后视图）。这艘 117 m 长的船可存储大约 2 475 t 电缆。观测网络电缆的安装和维修需要专门的船只。本图由环球海运系统有限公司提供

近海观测网络对电缆的安装要求与上述要求相似，但所有电缆都需要埋设。节点和仪器的安装可以由较小的 UNOLS 船只完成，也可以在浅水中由潜水员完成。

在证明可重复使用已退役电信电缆的全球站点，可以使用大型 UNOLS 船或商用电缆船来回收电缆、切断电缆并安装终端架和接线盒。船在安装时需要 ROV，且必须具备动态定位能力。在大多数站点，每一节点用一个月的船期可完成基本安装，但安装传感器或辅助观测系统(例如水面或水下系泊)将需要额外的船期。

5.1.2.2 运营和维护对船舶的需求

标准海底通信电缆的设计具有极高的可靠性；而这些系统的主要风险是捕鱼活动造成的破坏或切断。虽然预计主干电缆的故障并不常见，但为了防止无法使用 UNOLS 船只进行维修，需要与电缆公司签订一份备用维修合同来修复电缆断裂。

预计需要定期对网络节点和传感器进行服务。NEPTUNE 的可行性研究(2000年)每年编列 4 个月的预算，用于对拟议的 30 个节点进行定期年度维护(每年 1 个月用于节点维护；每年 3 个月进行仪器维修)。然而，在夏威夷 2 号观测网络(H2O)，虽然只有两项实验已经部署，五年时间里，现场使用 ROV 的时间超过了一个月；这样的数据表明，每个观测网络的节点和仪器的年度维修至少需要一个星期的 ROV 操作时间，对于一个 30 个节点的系统大约需要 8 个月。这项工作可以使用配备有动态定位系统和深海 ROV 的大型 UNOLS 船(或商业等效船)完成。受天气条件和海况的限制，当前的 ROV 作业在东北太平洋被限制在夏季的几个月，且每个季节可能需要 2 艘配备 ROV 的船只。虽然在深海需要 ROV，但浅水、沿海有缆观测网络的维护可由当地或区域 UNOLS 船只通过潜水员完成。

5.1.3 大学-国家海洋实验室系统能力和研究观测网的要求

虽然表 5-1 充其量只是对作为 OOI 一部分的观测网进行安装和维护所需船期的粗略估计，但它说明了海洋观测网对 UNOLS 船队的巨大需求。安装 15～20 个全球观测网络站点和一个类似 NEPTUNE 的区域电缆观测网络，以及一个由系泊点和电缆网络组成的近海观测网络可能需要 4 年以上的船期(假设每年 300 个作业日)，包括 1 年的工业合同船(用于电缆敷设和杆状浮标安装)。这一基础设施的维护每年还至少需要三年的船期。这些估测不包括与观测网络有关的科研活动所需的船期，只包括安装和维修基础设施、核心和团体实验所需的船期。这个数字虽然难以估计，但可以想象，若要交付使用每年还需要一两年甚至更长的船期。

对于 UNOLS 船队来说，在满足学术界对传统的、以船为基础的远征式调查研究需要的同时，很难支持研究型观测网络的需求。远洋观测网络的运行，要求船舶有：①足够的甲板空间和绞盘，能够承受因系泊设施和海底节点的安装或更换而需要的大载荷；②在世界海洋偏远地区和高纬度地区作业的耐力；③容纳较多科学家和工程师的能力。除了提供低带宽、声学连接的系泊服务，这种观测网络的运行还需要动态定位能力和操作 ROV 的能力。唯一具有这些能力的 UNOLS 船只是大型的全球级船只（70~90 m 长）。然而，"亚特兰蒂斯"（Atlantis）号或多或少是专门用于载人潜水作业的船只，目前远征研究都订用了这一级别的所有其他船只。因此，例如三年的全球级船期需要"汤普森"（Thompson）号、"雷维尔"（Revelle）号和"克诺尔"（Knorr）号或"梅尔维尔"（Melville）号每年完全投入观测网络的工作。如果美国国家海洋和大气管理局在 IOOS 建立时增加对 UNOLS 全球级船舶的使用，或者如果拟议的海洋勘探计划继续推进，这一问题将进一步加剧。由于对这些船只进行远征研究的需求预计仍然很高，必须满足海洋观测网对大型船只的更多需求，而这一问题的解决办法是 UNOLS 的船队增加新的船只，或在商业市场上租赁可使用的船只。由于目前的小型和中型 UNOLS 船可以满足近海观测网络的需求，近海观测网对现有船只的压力将相对较小。此外，船舶对时间的要求没有远海海洋观测网络那么高（见表 5-1），而且目前这类船舶的利用率还比较低，因此它应该能够适应船期需求的增加。

美国国家海洋合作计划（NOPP）的联邦海洋设施委员会（FOFC）制订了一项在未来 20 年内更新美国国家学术研究船队的计划（Federal Oceanographic Facilities Committee，2001）。该计划要求 UNOLS 船队在 2018 年之前不增加新的全球级船舶，并在 2002—2016 年增加 6 艘新的"大洋级"船舶。虽然大洋级船舶比全球级要小，但这一新的船舶级别预计将具备目前 UNOLS 船队中的中级和全球级船舶的一些能力（Federal Oceanographic Facilities Committee，2001）。此外，大洋级船只将支持无人潜航器，且其中一些将能够在高纬度和冰缘区域作业。这些新型大洋级船只中的第一艘——"基洛·莫阿纳"（Kilo Moana）号，已在 2002 年开始服役。"基洛·莫阿纳"号是一种小水线双体船（SWATH），它比类似尺寸的传统单壳船具有更好的抗恶劣天气的性能。然而，SWATH 设计可能无法满足海洋观测网对重型起重作业和系泊部署的要求。

目前的 UNOLS 舰队更新计划没有充分满足通过 OOI 计划建设的海洋研究型观

测网络对船舶的需求。海洋观测网的科研活动将不会减少对船舶的需求(船舶的总体使用将实际增加),但所需船舶的种类将发生变化。远海观测网络将需要具有更大甲板的船只,配备重型绞盘、动态定位设备和 ROV,并在偏远海域和更高的海况下作业。目前尚不清楚 UNOLS 船队更新计划中的大洋级船只将如何满足远海海洋观测网的这些要求。此外,我们还未为这些新船只确定经费;考虑到购买新船的前期准备时间很长,这些船的正式服役可能还需要很长时间。在 UNOLS 内部,这一现状使得远海海洋观测网络的运行依赖于现有的五个观测网络的船只(已经有大量订购单的全球级 UNOLS 船只),其中两艘预定在未来十年中期退役(没有替换型船只)。这样的设想既不能满足表 5-1 所列海洋观测船的时间要求,也不能支持海洋学界的其他研究需要。在 2007 年或 2008 年开始安装这些海洋观测网系统时,这一问题变得至关重要。新船只的准备时间很长,这一问题需要 FOFC、UNOLS 和美国国家科学基金会(NSF)立即关注。

应该考虑由 UNOLS 购买大型、重型(20 000 lbs)船只用于系泊和海底节点的安装、维修和更换。可随时从近海能源工业和海底电信工业处获得新的或已使用的、用于租赁或购买的船只(见图 5-1)。一艘商业船的可用性和费用将由整体经济情况和这些特定行业的状况决定。这些因素可能受市场驱动的差异相当大,这使得短期租赁有些缺乏吸引力。然而,长期租约(5 年或 10 年)可以防范这些市场波动,这对大洋钻探计划(ODP)非常有效。另一种办法是,可以由 UNOLS 的成员机构购买和运营一艘船,UNOLS 已使用过该方法,并为学术界提供了多通道地震勘探船。无论是长期租赁还是直接购买,其优势在于,船舶日程安排将由学术界控制,而非产业界控制。这样船只也可作为研究平台使用,并可与现有的 UNOLS 全球级船舶相配合,在下一个十年开始之前满足观测网络和远征研究对大型船只的需求。但是,从长期来看,UNOLS 将需要租用或购买更多具备观测能力的船只,以满足海洋观测科研活动的需要。

5.2　深海潜水设备

ROV 很可能是深海观测网的主要设备,需要用其安装海底观测网络、将系泊设备连接到海底接线盒、安装实验装置以及在海底维护或修理仪器和网络设备。ROV 在海底的耐用性、强举升能力和高可用电力使其成为观测网络运行必不可少的设备。

　　ROV 技术在工业领域和海洋研究领域都得到了迅速发展，目前已有的系统可以满足大多数海洋观测网的要求。更强大的 ROV 有望在未来问世。目前，市面上有几百套 ROV 可供使用，且其系统已经被设计用于各种各样的任务（搜索和回收、检查、电缆敷设、勘测和水下施工），在这些任务中，它们的能力表现得非常突出（见 5.3 节）。大多数用于海上能源业务的 ROV 都是为相对较浅的水域设计，但现在有些在深度高达 3 000 m 的海区运行。美国海洋学研究界现在也经常使用一些 ROV。Jason Ⅱ 可以通过美国国家深潜设备（NDSF）获得，它能在深度超过 6 500 m 的水下工作（图 5-3）。蒙特利湾海洋研究所（MBARI）操作两个 ROV：Ventana 的下潜深度为 1 830 m，Tiburon 的工作深度超过 4 000 m。但 Ventana 的作业一般局限于蒙特利湾，Tiburon 工作于美国西海岸；且这些 ROV 都不是美国国家深潜设备的一部分。加拿大海洋科学远程操作平台（ROPOS）的下潜深度可达 5 000 m，有时东北太平洋的研究人员也在用。

图 5-3　类似 Jason Ⅱ 的 ROV 将是海洋观测网的主要作业工具。海底观测网络的安装、系泊设备与海底接线盒的连接、实验设备的安装、海底仪器和网络设备的维护和修理都需要 ROV。Jason Ⅱ 是专为详细的调查和采样任务而设计，有高度的可操作性。Jason Ⅱ 由位于伍兹霍尔的美国国家深潜实验室运营管理。本图由伍兹霍尔海洋研究所提供

　　在海洋观测网中使用 ROV 的两个重要操作考虑因素是水深和海况。全球和区域观测网的许多站点都位于水深超过 3 000 m 的地方，这使得数以百计的商用 ROV 都不适用。只有少量的深海 ROV，可以在商业界或美国学术界使用，它们能够在水深高达 6 000 m 的地方工作，虽然随着能源行业进入越来越深的水域，这种情况未来

几年可能会迅速改变。学术界使用的 ROV，如 Jason Ⅱ，一般仅限于在小于 4 级海况的海上作业。这一性能限制使得该类型的 ROV 在许多海区（如东北太平洋）的冬季月份以及高纬度站点的全年大部分时间都无法作业。升级 UNOLS 的大型船只，使用动态定位系统和 ROV，使其能在较高的海况下作业，将大大扩大许多观测网络的作业窗口。

表 5-1 给出了安装和运行 OOI 全球、区域和近海观测网络所需的 ROV 的时间估测。全球观测网络的安装需要 ROV 作业 10～15 个月，而大型区域观测网络需要 ROV 作业时间 18 个月。每年将需要相当数量的 ROV 进行作业（大约两腹船/年），以满足这些海洋观测网的运行和维护要求。大多数观测网络将需要深海 ROV（深度超过 3 000 m）。由于东北太平洋的天气窗口较短，像 NEPTUNE 这样的大型有缆观测网络，每年夏天可能需要两台 ROV 才能为系统提供服务。

Jason Ⅱ 作为美国国家深潜设备中唯一可用的深海 ROV，它显然不足以满足对观测网络和一般科研的支持。如果要充分利用观测网络，就必须有更多的 ROV。表 5-1 显示，到 2008 年或 2009 年开始安装高带宽全球和区域有缆观测网络时，将需要两艘主要用于海洋观测网工作的深海 ROV。在美国国家深潜设备中增加第二个深海 ROV 设备时，以及在东北太平洋季节性使用 ROPOS 时，将意味着开始为观测网络提供所需的深海 ROV。但是，从长期来看，UNOLS 可能需要第三台深海 ROV，以充分满足远征和观测网络研究的需要。其中一台或多台 ROV 应该是工作级的，并拥有大量的液压输出和控制工具用于观测网络日常维护和服务。

然而，深海载人潜水器（HOV）缺乏动力、潜航时间短、机动和通信能力有限，它们不太可能在常规观测网的安装和维护中发挥主要作用。然而，由于 HOV 不会固定在海面上（使其具有高度机动性），因此在某些情况下，它们可能对在观测站周围进行科学调查和在复杂地形区域（例如热液喷口）搭建实验和定位传感器有用。

5.3　仪器的维护和校准

OOI 将使科学家使用许多传感器在以前未涉足的海区和偏远海区开展尖端科研活动。这些新的观测能力的全部潜力只有在基础设施存在的情况才能得到发挥，这些基础设施用于服务和维护观测网仪器，并进行例行校准记录确保其准确性。这项工作对于 OOI 的观测质量和可比性至关重要。

按照 OOI 的设想，部署在海上且服役长达 12 个月的仪器可能需要大量的维护。校准作业需要适当的设备，包括校准标准、水槽和检测室，以及大量的工作人员支持。近年来，参与部署系泊设备和维护系泊仪器的美国团体的数量有所减少，剩余团体的规模也有所缩减。OOI 计划应考虑部署前的仪器准备和校准、部署、部署后校准和服务的重复周期所需的人员和设施需求，以及与 OOI 设想的核心和团体仪器相关的服务。对于需要劳动密集型服务和校准的仪器，每个维护周期的成本可以接近硬件的购买成本。校准后的基础设施的认证和维护也可能是一项重大的消耗性成本。

5.4 其他支持技术

第一个星载海洋传感系统让人们很快发现，船载海洋学测量方式的空间同步性较差，其严重程度因海洋过程的时间变异性而改变。如果海洋观测网不打算用空间（而不是时间）混叠方式重复这段历史，就必须从一开始便认识到，来自海洋中固定位置的时间序列可以提供时间和垂直分辨率良好的测量，但是，如果没有关于水平空间变异性的记录信息，就无法正确地解释这些测量。因此，必须制定和采用采样策略，扩大观测网络的监测范围，以便提供足够分辨率的空间信息，将平流（空间）变化与真正的时间变化区分开来。由于适当的水平分辨率将因特定观测网络处理的具体过程而变化，因此为这种信息制定的最具成本效益的机制也将不同。对于某些网络站点和进程而言，使用附加到主电缆节点的辅助系泊可能就已经足够。而另一些则需要更宽间隔的固定地点，并通过声波遥测技术与海底节点通信。还有一些可能需要更灵活的测绘操作，其中多架次的滑翔机或自治式潜水器（AUV）是实时需求。

近年来，水声遥测技术取得了重大进展，并成为扩展单个观测点观测范围的一项有前景的技术。在观测点几千米内的水下系泊处或海底安装声学调制解调器可以与观测网络声学连接，并免除额外敷设的电缆。观测网络的数据也可以通过声波从水下航行器传输到 2~3 千米外的接收器，这可使水下航行器在测量过程中能够实时控制。最新一代的声学调制解调器使用高带宽、相参通信和方向传感器，可以提供高达 5 kb/s 的数据吞吐量（带有错误检查功能）（Freitag et al.，2000）。应继续支持水声遥测技术的研发，增强这些系统的传输范围、带宽和可靠性。

　　人们对使用 AUV 来扩展观测网络非常感兴趣，因为其远远超出了电缆或声学连接的可能范围(见图 5-4)。AUV 的潜在用途包括:

- 重复高分辨率海底或地球物理测量，以确定与地质活动有关的变化;
- 绘制水柱图，以确定观测网络节点周围海域的物理或化学性质的变化;
- 通量测量;
- 响应观测网络监测到的瞬态事件。

　　AUV 技术仍处于初级阶段，还不能用于观测网络。数据检索、命令获取和传输动力的对接尚未成为常规任务。在实现对观测网络 AUV 的支持之前，还需要解决长期可靠运行而无须维护的问题。然而，美国海军和海洋能源工业对 AUV 的兴趣日益浓厚，AUV 技术和专业知识的基础正在加速成熟。当这些研究型观测网络完全投入使用时，AUV 很可能将在观测网络科研活动和运行中发挥越来越重要的作用。

　　尽管也处于开发阶段，且才开始为多种仪器的部署设计控制系统，滑翔机(一种带有压载舱而不是螺旋桨或发动机的 AUV)仍是另一种新兴的水体测量新技术(Eriksen et al., 2001)。由 OOI 资助的观测网络无疑将成为下一代 AUV 和滑翔机技术发展的试验田。虽然这些技术对 OOI 的安装阶段并不重要，但它们可能对实现海洋观测网的全部科研潜力很重要。

图 5-4　伍兹霍尔海洋研究所(WHOI)的自主式海底探测器(ABE)是工业和学术界正在开发的众多 AUV 之一。这项技术仍处于研发的早期阶段，在 AUV 应用于海洋观测网的常规任务之前还有许多重要的问题有待解决。然而，水下机器人的技术和专业知识基础正在加速成熟，它们在观测网络的科研活动中发挥越来越重要的作用。本图由伍兹霍尔海洋研究所提供

5.5 工业部门在海洋观测中的作用

能源和电信行业可以参与海洋观测网的许多方面，从为观测网络基础设施提供电缆、浮标和仪器到船只、无人潜水器，再到长期维护和运营该基础设施所需的支持服务。学术界无须制造海底观测网络所需的大部分物品，工业界将提供构成基础设施的许多部件。学术机构和政府机构拥有或长期租用船只、ROV 和其他可用于安装和维护观测网络的设备。例如 UNOLS 船队和 Jason II 这样的 ROV。本节介绍可用于安装、运营和维护海洋观测网的商业资源，以及工业部门在海洋观测网运营中的潜在作用。

5.5.1 船只

有 1 000 多艘商业船只在从事近海能源业务。有一家公司在美国水域经营着 188 艘船，在国际水域经营着 327 艘船。另一家美国大型公司经营着 300 多艘船，其中较老的和较小的船通常有 55 m 长，有较低和较长的后甲板。新船的长度为 85～100 m，并且有更高的干舷，发动机功率从 2 205 kW 至 7 350 kW 不等。虽然目前的作业包括在 2 100 m 深的水中运送物品和安装锚桩等简单任务，但商业海上供应船或锚处理拖船非常适合水下作业或移走大型杆状浮标和系泊物，以及海底节点的安装和更换。如上文所述，UNOLS 应考虑为观测网络业务获取一艘重型工作船，可以直接购买或长期租赁。

海上电信工业雇用了额外的电缆敷设船队，并增加了与海上能源船在尺寸和能力上非常相似的维修船队。这些电缆敷设公司的丰富经验为观测网络的设计和安装提供了宝贵的资源。学术界应该考虑通过这些商业船只来安装和维护海洋观测网。考虑到电信业不景气的状况，这至少在未来几年内将会为我们提供一个特别的机会，为敷设电缆的船只拟定非常有利的租赁协议。

5.5.2 浮标和浮动平台

海上能源行业在建造和运营大型系泊平台方面有着多年的经验，且这些平台往往处于非常恶劣的环境中。在海洋学界考虑购买大型系泊浮标设施时，将从这种经验中获益。虽然学术界目前使用的较小的浮标通常为内部建造，但考虑中的较大型系统应进行商业化设计和建造。目前市场上有一家公司(海事通信服务，哈里斯电子系统的一个部门)提供了一种商用系泊浮标系统，称为"海洋网络"，专为高带宽、高功率应用而设计。该系统由一个装有柴油发电机的 5.2 m 圆形浮标、一个 2 mb/s C 波段卫星遥测系统和一根连接海底接线盒的光纤立管电缆组成。可以长期租用这个完整的"整装"系统，包括其运行和维护。随着海洋观测网络市场的发展，可能会出现其他类似的系统。商业租赁观测网系统的成本效益应作为制订观测网实施计划的一部分进行全面评估。

5.5.3　水下设备：ROV 和 AUV

25 年来，ROV 一直是海上能源、电信行业和军事领域的作业工具。由于人体在水下极深处的生理限制以及有效部署载人潜水器的实际费用有限，如果没有 ROV 和越来越多的 AUV，在大陆架以外海域作业将不具备经济性。

在全球范围内，海上能源和电信行业都有数百套工作级 ROV 在运行。在美国，从事海上能源业务的六家主要承包商经营着 80% 以上的 ROV；而剩下的大部分系统则在小型公司服役。许多特定的任务系统由军方部署在湖泊、河流和沿海地区，使用了数千个较小的观测或检查级系统。而工作级系统从微型汽车到自卸车不等。该系统高达 551 kW，可通过多个推进器推进，其标准功率约为 73.5 kW。许多系统能够在 3 000 m 深的海底作业。

传感器和工具包括多个数字彩色摄像机、高分辨率声呐，以及许多用于特定工作的仪器、传感器和数据收集器。在这些系统中，1 000 bs 的有效载荷并不罕见，有些系统甚至可以承受 1 600 bs 的垂直推力。机械手的力量足以举起大于 200 bs 的重物，而且灵巧到可以在一根绳子上打结。

军方和科学界已经开始使用 AUV，并将其作为调查工具用于海上作业。目前 AUV 能够携带传感器，如声呐和视频设备，但没有能力执行工作任务。它们将会升级，如 ROV 一样，并将成为未来必不可少的工具。这一演变将逐步完成，比如，采用混合动力系统和用于维修海底设施。

载人潜水器在海上工业中的应用非常有限。考虑到目前工作级 ROV 的能力以及光学和传感器技术，海上工业界并不认为载人潜水器是满足其需求的一种经济、有效的工具。目前，工业界有超过 50 年的海上 (能源) 船作业和 25 年的 ROV 操作经验，在这个行业发展为安全高效的过程中，工业界 (而不是纳税人)、企业和个人都付出了巨大的代价，吸取了惨痛的教训。这些经验教训推动了 ROV 的发展，并将把这些系统提升到一个新水平，因为 ROV/混合动力 AUV 和真正的 AUV 已经开发出来。船舶作业效率和安全性在海上能源业务中表现突出。总而言之，海洋研究团体应该明智地利用这一来之不易的经验。

6 海洋观测计划与其他观测网络的关系

由研究驱动的海洋观测计划(OOI)是国家和国际社会为建立海洋长期观测网而开展的更广泛努力的一部分,这既是为了进行基础研究,也是为了满足海洋业务的需要。本章在国家和国际两个层面讨论了OOI与其他项目的关系。

6.1 海洋观测计划与综合及持续海洋观测系统的关系

目前的业务性观测网络主要包括海平面观测网络、各种国家气象观测网络(例如美国国家数据浮标中心的海岸气象浮标和海岸气象站)、太平洋热带大气海洋计划(TAO)阵列和热带大西洋系泊基阵试验研究(PIRATA)阵列的赤道浮标阵列,以及越来越多的Argo剖面浮标"舰队"。在许多情况下,这些站点或系统具有有限的传感器组件,以满足短期预测和监测需要——而不是更严格的需求——满足不了研究驱动型OOI计划的更高要求。如果OOI能够开发这项技术,并能够证明共同覆盖这些作业地点的潜力,向这些站点增加更精确和更多学科的传感器组件,它将利用当前的业务投资,并大大增加这些业务型观测网络对美国海洋科学界的贡献。

在国家层面,OOI与海洋和地球观测系统之间最基本的关系是OOI和拟议中的综合及持续海洋观测系统(IOOS)的关系,IOOS是美国国家海洋合作计划(NOPP)开发的一个业务化观测系统。IOOS的使命是为"客户"提供社会感兴趣的数据,包括渔船队、托运人和冲浪者。IOOS数据旨在补充现有的知识,且让传感器使用经过测试的技术。相比之下,美国国家科学基金会(NSF)的OOI专注于开发新的知识和技术,以促进人们对海洋的认知。通过满足海洋研究界对海洋过程时间序列测量的需求,OOI将提供必要的基础设施,以增进人们对海洋/大气/地球系统的认知和了解,并提高监控该系统的技术能力。以下为有关OOI及IOOS的简介,然后分析了OOI对IOOS的具体贡献,以及OOI与IOOS之间的互补性和协同作用。

6.1.1　OOI

OOI 将为海洋科学家提供必要的信息，努力促进我们对海底或海底下的看不到的活动过程的基本了解。海洋观测网"望远镜"将由许多仪器组成，这些仪器将使科学家能够在很长一段时间内"看到"海面下的情况。OOI 内的研究观测网络将能够观测时间尺度短至毫秒以及空间尺度短至毫米的海洋过程，且这些研究型观测网络通常会使用开发中的仪器。此外，OOI 观测网络的实时数据将允许海洋科研活动的"互动"；观测资源可以迅速（重新）部署，以响应对重大事件（如火山爆发、地震、有害藻华或泥石流）的探测。档案数据被用来进行科学分析，包括收集它们的原始目的和一些未预见的应用，由最初的研究者和应用观测网产品的广大团体所执行。档案数据还将用于测试尚未解决的小尺度过程的参数化，这些对于数值模型以及教育和公众参与资源的开发都是必要的。

6.1.2　IOOS

IOOS 旨在提供及时的信息，直接解决从可靠的气候变化监测、油轮安全航行到美国渔业（商业和娱乐）最佳管理等领域的社会需求。国际 IOOS 规划文件（Ocean U. S.，2002a，2002b）列出 7 个重要的社会领域，这些领域包括：

- 海洋环境变化的探测和预测；
- 灾害防治；
- 提高海上作业的安全性和效率；
- 国家安全；
- 减少公共卫生风险；
- 保护和恢复海洋生态系统；
- 海洋资源的可持续性。

正在开发的 IOOS 完全兼容始于 1998 年世界气象组织（WMO）的世界天气监测网项目打造的全球海洋观测系统（GOOS）（Summerhayes，2002）。远海 IOOS/GOOS 观测网络将侧重于天气和气候预报、地球物理灾害和国际安全，将为美国领海的业务模型提供沿海和近岸约束条件，提供联邦、州和地方机构以及非政府组织越来越需要的预测，并处理上述 7 个重要社会领域中的一个或多个。

计划中的美国 IOOS 系统将部署在固定的地理位置，其空间尺度的监测质量必然是粗糙的（卫星测量除外），并且将只使用经过良好测试且可靠的技术。除了通过互联网实时传送数据，存档数据还可用于评估海洋环境的长期变化，为研究项目、预运行数值模型的后验测试及教育和公众参与（EPO）材料的开发提供背景素材。

虽然 OOI 和 IOOS 已在上面单独描述过，但 OOI 观测网进行的假设驱动基础研究，以及通过 IOOS 计划发展的业务海洋学事实上是相互依存的，且每个项目都为另一个项目提供必要的成分，而学术研究人员在这两个项目中都扮演着核心角色。这种程度的相互依赖意味着，应从这两个方案的当前规划阶段开始，设法使这两个方案的规划和运作具有同等的相互依存性。

6.1.3 OOI 对 IOOS 的重要性

先前的海洋学研究和技术发展所获得的知识为初步设计和实施 IOOS 提供了理论基础。然而，由于目前的技术限制，IOOS 最初部署主要在沿海、中纬度和热带海域，并主要集中在海洋和海面物理特性的观测。为了使用更有能力的平台和更多样化的传感器，IOOS 需要新技术进行扩展，以便在更具挑战性的环境中运行，并有可能使用高带宽对海底、整个水体和海面进行实时观测。由于 IOOS 由业务机构提供资金和运作，因此它不会在新技术的开发中发挥主要作用，而是由 OOI 生产 IOOS 所需的新技术。与此同时，OOI 将以其新的、高分辨率多学科观测数据支持新的科研活动，并使人们更好地理解工作中的过程以及这些过程的常规取样方式。因此，OOI 将确保 IOOS 作为观察和预测整个海洋环境的工具充分发挥其潜力。为了能够满足上述所有 7 个重要的社会领域的需求，IOOS 要求 OOI 的研究和开发活动应逐步增强知识、方法和工具，以扩大和改进最初的实施阶段。在科学和技术方面，OOI 是 IOOS 研究和开发的关键组成部分（专栏 6-1）。

专栏 6-1　OOI 对 IOOS 的益处

- 海洋基础科学知识的进展对实现 IOOS 系统的长期运营目标是必要的。
- 新的传感器和相关算法，特别是那些用于进行现场生物和化学测量的传感器和算法，将在 OOI 设备上进行远期测试——那些稳定可靠的传感器将

成为 IOOS 观察系统核心组件的备选方案；

  ● 为 OOI 设施设计并经过验证的新海洋接入技术（电源、通信）最终可纳入运营中的 IOOS 网络系统；

  ● 开发系统能力，以便在目前无法进行这种测量的遥远和极端海洋环境中进行观测；

  ● 高时间分辨率数据对于测试现有数值模型无法解决过程的参数至关重要，因为改进的参数，特别是在生物物理相互作用方面，是 IOOS 预报建模组件所必需的；

  ● OOI 可重部署的部分（系泊或部署在电缆节点周围的阵列）具有更高的空间分辨率，能提供"嵌套"式观察能力，以解决尺度小于 IOOS 网络的过程；

  ● 基于持续的、源自 OOI 和建模研究团体之间的交互的进步，创新和改进业务海洋模型。

6.1.4　IOOS 对 OOI 的重要性

拟定的 IOOS 观测网络也将为 OOI 研究团体提供重要的好处，主要是为 OOI 系统提供更广泛的背景观测（专栏 6-2）。这些 IOOS 数据流可使研究人员无须亲自收集这些基本的背景信息，能够集中精力研究知之甚少的海洋现象和开发新技术。因此，IOOS 将大大提高 OOI 的生产力以及海洋研究和技术开发速度。

此外，业务化（同化）耦合的物理-生物-化学模式将由 IOOS 支持，用于实现短时预报和预测，这将为 OOI 研究人员提供实验计划和执行阶段的重要信息。这类信息包括：①观测网络地点的海洋环境变化的设计阶段模拟（预计会随地理及季节而改变）；②在部署阶段描述 OOI 观测网络周围海洋"体积"的时间演变。这两项贡献都将提高 OOI 研究实验的成功率和投资回报率。

专栏 6-2　IOOS 对 OOI 的益处

新一代 IOOS 的现有要素，包括 TAO 及海岸浮标列阵，可提供指引 OOI 工作的经验：

  ● 传感器、仪器和材料的选择；

  ● 应对生物附着、腐蚀和其他挑战，开发数据质量、校准和仪器维护协议；

  ● 开发归档、数据共享和面向公众的接口。

规划的 IOOS 观测网络的"核心配件"将为 OOI 研究团体提供一种有效的访问方法：

- 将会嵌入 OOI 科学观测和实验的粗粒度空间海洋背景；
- 驱动数值模型以及了解海洋上层的物理和生物地球化学过程所必需的大气强迫函数；
- 提供当地和远洋条件的历史背景的长期时间序列。

6.1.5　OOI 和 IOOS 的互补性与协同作用

OOI 和 IOOS 均于 2006 财政年度开始实施，从而减少了一个项目对另一个项目做出贡献的机会。例如，IOOS 数据和数据同化模型无法为 OOI 观测网络的站点布局提供指导。然而，一旦全面实施，OOI 和 IOOS 将提供重叠的领域，在这些领域内，它们的综合基础设施将有助于提高业务部门和科学研究界的生产力。目前，这种协同作用的一个成功例子是沿太平洋赤道延伸的热带大气海洋/三角跨洋浮标网（TAO/TRITON）阵列。该系泊式海洋"观测网络"最初是作为一个研究工具，而现在已经达到了业务化运行状态，它提供了对厄尔尼诺事件及其重大社会和经济影响的早期预警。然而，TAO 阵列本身作为一个粗尺度网格，研究人员将在其中嵌入更精细的过程研究，继续使用 TAO 系泊作为测试新仪器的平台。结合多年的 TAO 存档数据集，这些过程研究的结果可以使其他研究人员改进和测试赤道海洋及其大气相关的理论和模型，从而推动用于厄尔尼诺预测的业务模型的改进。实施 OOI 和 IOOS 将扩大这些示范协同作用的范围，使其既包括对气候变化至关重要的全球尺度，也包括直接影响在美国人口分布区域中占比越来越大的沿海和河口范围。

OOI 和 IOOS 工作集成的另一个重要领域是数据分发和归档。研究和业务驱动型观测网络的数据管理系统集成将使来自 OOI 开发的新传感器和仪器的数据同化为业务模型，并将使研究人员更容易利用由 IOOS 开发的大规模观测数据并进行建模预测。从成本和效率的角度来看，共享数据管理基础结构也是有意义的。

鉴于美国国家科学基金会的 OOI 与上述拟议的 NOPP IOOS 之间具有互补性和协同作用，这两项方案的结合对于发展海洋科学的预测能力并引导公众参与海洋事务是必不可少的，而公众参与是保护和维护海洋科学工作的坚实基础。考虑到 IOOS 和 OOI 的成本，以及研究团体可能参与这两个项目，这两个项目的近海部分在开发和运营的所有阶段需要充分的协调，这是至关重要的。

6.2　海洋观测计划与其他海洋和地球观测系统的关系

美国国家科学基金会(NSF)支持的 OOI 将与其他机构支持的海洋和地球观测系统保持密切联系，包括美国国家海洋和大气管理局(NOAA)、美国国家航空航天局(NASA)、美国陆军工程兵团(USACE)、美国地质调查局(USGS)和美国海军研究局(ONR)。这些多机构的协调工作应通过 NOPP 来协调。

6.2.1　美国国家海洋和大气管理局

目前，作为一项行动承诺，NOAA 支持了太平洋赤道 TAO 阵列的大部分。美国国家海洋和大气管理局大气研究办公室的全球气候观测计划将占用少量海表通量基准站点。NOAA 的大气研究办公室也为热带大西洋系泊基阵试验研究阵列做出了贡献。NSF 目前为 NOAA 的百慕大大西洋时间序列站(BATS)和夏威夷海时间序列计划(HOT)观测站提供了部分支持，但这两个站点都没有承担恶劣环境观测站的任务，也没有发挥这些站点的多学科潜力。完成美国对国际时间序列科学小组(TSST)(Appendix E)开发的全球阵列的承诺，需要更多的资源和新的研发工作，目前还不具备可行性。这些国家的努力都是为了获得 OOI 的支持和技术发展。

6.2.2　美国国家航空航天局

虽然美国国家航空航天局(NASA)没有计划支持海洋的现场观测，但 NASA 的许多工作都是通过卫星观测海洋和气候变化。目前，五个主要的卫星系统正在绕地球飞行，包括 Aura、Aqua、Jason-1、TOPEX-Poseidon 和 Terra，此外，两个日本航天器还装有 NASA 的散射计仪器。这些卫星系统提供了有关海洋表面温度、环流、海水颜色、表面风和其他参数的宝贵信息，这些参数可用于研发天气预报和强迫气候预报模型。卫星数据还提供了大空间尺度的上层海洋性质水平变化资料，这些资料有力地解释了固定观测站的测量结果在时间和垂直分辨率上是良好的。卫星飞行任务反过来可以利用 OOI 和其他海洋观测网的现场测量结果来验证卫星仪器的测量结果。

NASA 和海洋科学界在数据管理领域也有重要的合作。例如，NASA 物理海洋学分布式活动档案中心（PO. DAAC）向科学界发布了海洋数据产品，并开发和发布了应用程序接口用来将 PO. DAAC 数据传输到分布式海洋数据系统（DODS）中。PO. DAAC 的科学家还参与了与南加州 GIS 数据中心试点项目有关的数据管理问题，该项目与区域海岸规划机构合作，为全球海洋数据同化实验（GODAE）高分辨率海表温度处理和存储中心，以及美国海洋 IOOS 数据管理和分发系统制定规划。

6.2.3　美国陆军工程兵团

美国陆军工程兵团（USACE）作为美国的海岸工程师，负责收集与近岸研究人员、管理人员和工程师有关的海洋数据。几十年来，他们在北卡罗来纳州达克的野外研究设施（FRF）（见第 2 章和附录 D）已经收集了关于波浪、潮汐、洋流、气象和外滩响应的连续性数据。FRF 还被用作新仪器和模型的试验台，并被用作执行密集、短时间实验的平台。此外，USACE 还支持斯克里普斯海洋学研究所的海岸数据信息计划（CDIP）。CDIP 收集了美国西海岸和夏威夷的风、温度和波浪方向的沿海数据，并为南加州湾海滩的涌浪方向建模进行预测，这是近岸物质运输模型预测所必需的工作。USACE 区域沉积物管理（RSM）项目最近开始建立数据收集和建模中心，用于沿其共同的流域物质来源和自然或人为界定的海岸段进行物质输移分析。这些 RSM 中心在 GIS 框架中提供了多变量和多维数据（包括现场和远程），对近岸研究人员有很重要的价值。RSM 项目包括将美国海岸线上 100 多年的水深数据重新转换为 GIS 基准系统的工作。OOI 和 USACE 的许多沿海工作具有协同性，应该为其他项目利用。

6.2.4　美国地质调查局

美国地质调查局为世界海洋和美国海岸线提供了基本的地质框架，以便人们在此基础上建立和引用对地球过程的物理、生物和化学的理解。美国地质调查局运行的各种时间序列观测项目可能对 OOI 有直接利用价值，包括国家河流流量测量网络、火山观测网络、海岸线和断崖位置以及水下底质的时间变化的海岸测绘。例如，当夏威夷海底地质观测网络（HUGO）的数据与美国地质调查局夏威夷火山观测网络的数据相结合时，HUGO 的数据将变得更有价值。

6.2.5 美国海军研究局

美国海军研究局（ONR）在海气相互作用和海洋生物学、化学、物理、光学、地质学和声学等领域开展了多种研究项目。在这些研究项目下，系泊、海岸塔、有缆观测网络和研究平台浮动仪器平台（FLIP）得到了广泛的应用。ONR 在很大程度上支持了目前开放海洋次表层和水面系泊能力的开发和使用，也促进了海洋仪器的发展。ONR 研究人员很有可能会提供仪器设备和寻找机会利用 OOI 研发的平台进行他们的研究。

6.3 海洋观测计划与其他研究型
国际海洋观测项目之间的关系

若干国际团体就海洋观测网的发展提供了指导，包括：政府间海洋学委员会（IOC）和联合国教科文组织（UNESCO）下属的海洋观测系统开发小组（OOSDP）；IOC、UNESCO、WMO、IOC 海洋学和海洋气象学联合技术委员会（JCOMM）下的海洋气候观测小组（OOPC）；气候变率及可预测性计划（CLIVAR）的沿海海洋观测小组（COOP）和国际海洋网络（ION）。一个成员来自不同学科的时间序列科学小组（TSST）已为一个满足跨学科需求的时间序列站点的全球网络制定了计划（见第 3 章和附录 E）。虽然这些国际规划工作已清楚地证明了海洋观测网的科学潜力，但仍有必要承诺提供大量的基础设施支持，以便使建成广受欢迎的观测网络成为可能。OOI 将是美国对这些国际工作做出的重要贡献的代表。

许多国家都在进行海洋观测网的规划工作，其中很多工作都是与美国密切合作，日本现有最大的海底观测网络，其在从岸上为海底仪器供电和实时遥测数据方面具有相当丰富的经验。1996 年，日本教育、科学、体育和文化部资助了海洋半球项目（OHP），以在太平洋盆地建立多学科海洋观测网。OHP 网络包括构建地震、电磁和大地测量的岛屿站和海底观测网络，还包括在西太平洋大洋钻探计划（ODP）钻探孔中安装三个宽带地震仪。日本科学家目前正在对日本岛屿周围的下一代海底电缆网络进行可行性研究，该网络被称为区域先进实时地球监测网（ARENA），该网络的拓扑结构以及电力和通信需求与拟议中的东北太平洋时间序列海底网络实验（NEPTUNE）观测网络非常相似。随着 NEPTUNE 项目和 ARENA 项目的推进，我们在技术和科学上都有许多潜在的合作机会。

NEPTUNE 项目本身是一个由美国华盛顿大学和加拿大维多利亚大学牵头的联合项目，其科学和工程规划完全在两国之间融合。加拿大已经承诺提供整个 NEPTUNE 项目费用的 30%。加拿大一方已经获得加拿大创新基金会（CFI）的有条件资助；该项资助的条件之一是拥有相应的配套资金，目前正在寻求英属哥伦比亚知识和发展基金（BCKDF）的资助。加拿大于 2004 年在不列颠哥伦比亚省附近安装一个浅水有缆观测网络——维多利亚海底实验网（VENUS），这将成为 NEPTUNE 和下一代沿海有缆观测网络发展的重要试验基地。

另一个与美国国家科学基金会 OOI 密切相关的国际主要海洋观测网项目是英国地球和海洋系统动力学（B-DEOS）项目。该项目计划在三个地点建立多学科的系泊式海洋观测网：大西洋中脊亚述尔群岛以南，冰岛南部雷克雅斯海脊，以及德雷克海峡-东斯科舍海隆南桑威奇群岛地区。其拟议的系统是由传统饼状浮标和杆状浮标组成的混合系统。这些浮标具有重要的发电能力、高带宽卫星通信系统，并有类似于地球和海洋系统动力学（DEOS）项目为许多 OOI 全球性站点提供的高带宽系泊系统的光电立管海底接线盒。无论是对于可能部署在偏远海域的下一代系泊浮标技术的研发，还是随后的运营、维护和科研活动，B-DEOS 和 OOI 全球项目均有许多共同的工程和科研要求，以及许多未来合作的机会。

美国 OOI 代表了在区域和全球范围内开发、建造、部署和初期维护海洋观测网所需的全部资金承诺的一部分，所有这些项目都将美国 OOI 视为一个关键的组成部分。也许就像采用许多国家合作的方式，在全球范围内部署 Argo 浮标一样，预计美国 OOI 将结合其他国家对全球海洋观测网基础设施的投入。OOI 的科学规划、管理和运营机制也需要以国际合作的方式来进行，以便将这些不同国家的观测网项目集成转化为一个真正的国际海洋观测网项目。

7　调查结果、结论和建议

本章介绍了关于实施研究型海洋观测网的调查结果、结论和建议。这些调查结果和建议是根据各种报告和研讨会文件(附录 C)、现有观测网络的经验(见第 2 章)、领域权威向美国国家研究委员会(NRC)所作的介绍以及国家研究委员会成员的专业知识而汇总。我们详细讨论了这些汇总资料,本节提出的结论是对这些讨论结果的提炼。

7.1　调查结果

- 通过对快速发展的计算机、机器人、通信和传感器技术的利用,美国国家科学基金会(NSF)的海洋观测计划(OOI)将为 21 世纪海洋研究的新时代提供基础设施。OOI 的先进功能将包括高带宽、双向通信;甚至从世界上非常偏远的海洋地区也能实时或近实时获取数据的能力;实时交互式控制仪器;有足够的电力来操作本来无法使用的仪器;开发能够承受恶劣环境的系统。这些能力有望在未来几十年内大大推进人们对地球和海洋系统的研究工作(见第 1 章和第 3 章)。

- 鉴于人们目前正日益需要了解海洋,以便解决诸如气候变化、自然灾害、海洋生物和非生物资源的健康和生存能力等重要的社会问题,OOI 设想的、由研究驱动的海洋观测网将促进海洋基本认知的重大发展。通过提供一种机制,对海洋中自然和人为引起的变化进行从几秒到几十年时间尺度的基础研究;促进新实验方法和观测战略的发展;提高世界各地研究人员获取海洋数据的能力,OOI 将成为促进基础知识新发现和重大进展的催化剂,这对解决涉及世界海洋的重要社会问题至关重要(见第 1 章)。

- OOI 将大大提高海洋观测系统[如综合及持续海洋观测系统(IOOS)和全球海洋观测系统(GOOS)]监视和预测海洋现象的能力。以研究为基础的 OOI 是拟议的 IOOS 的重要补充。IOOS 是一套以潜在用户的需求为驱动的业务化系统,旨在提高海运的安全和效率,减轻自然灾害影响,降低公共卫生风险,改善天气和气候预测,保护和恢复健康的沿海环境，并使海洋资源得到可持续利用。相比之下，OOI 是由基础研究问题推动的项目，其主要产品是增进对海洋的了解以及推动新技术的发展、技术的改进。因此，OOI 将为 IOOS 提供关键的辅助研究，包括观测网络平台的基本研发，并通过对使用 OOI 的研究人员的研究和对传感器技术的基本了解，提高 IOOS 长期运营的能力。IOOS 将为 OOI 提供一个重要的、更大规模的观察框架和必要的背景数据，以解释针对演变过程的实验（这是基础研究的核心）（见第 6 章）。

• 以研究为基础的海洋观测网的科研目的和效益已在现有的研讨会报告以及 OOI 的三个主要组成部分中进行了界定（全球观测网络、区域观测网络和近海观测网络）。附录 C 中列出并在第 1 章和第 3 章中引用的文件表明，海底观测网络为推进海洋科学几乎各个领域的基础研究提供了一种有希望的新方法。

• OOI 的三个组成部分之间存在显著差异，需要科学规划以确定观测网络的位置、实验和仪器要求，且在最终确定这些系统的设计之前，需要进行额外规划。虽然海洋观测网的一般科学原理已经建立，但拟建观测网的具体位置、科学实验和仪器要求、构成 OOI 一部分的系统组合（电缆、系泊设施等）以及这些系统之间的相互关系需要进一步界定。由于这一层面的科学规划对于确定 OOI 基础设施需求的重要性，在今后两年中，必须为 OOI 的三个组成部分提供资金并实施这一规划。

• 目前，对于可重新部署的观测站（先锋阵列）、有缆观测网络、沿海和五大湖研究所需的长期时间序列观测之间的适当平衡还没有达成团体共识。最近的近海海洋过程计划（CoOP）研讨会报告建议重新部署先锋阵列——这将使对美国沿海地区进行相对短期、面向演变过程的研究成为可能——作为近海 OOI 的重点（Jahnke et al.，2002），而随后的时间序列科学有缆观测网（SCOTS）研讨会报告强调固定式有缆观测网络将为海岸研究提供独特机会（Dickey and Glenn，2003）。显然有必要就这两种不同的近海研究战略制定最佳组合并达成协议。近海观测系统的第三个基本组成部分是一系列固定式系泊设施，该组成部分旨在提供长时间范围内的物理、化学和生物变化的测量，例如对那些与自然年代变化或更长的自然和/或人为气候变化进行时间尺度相关的测量。虽然 CoOP 研讨会报告认识到这一需求，但它的结论是，IOOS 将为沿海地区必要的长期观测提供基础支持（Jahnke et al.，2002）。然而，目前还不清楚拟议的 IOOS"哨兵"系泊设施将在何处适当部署或用于沿海和五大湖的基础研究（见第 3 章）。

• 主要研究设备和设施建设（MREFC）账户的 NSF 政策和程序要求单个实体对该计划负有全面的财务和管理责任。因此，尽管 OOI 包含了来自沿海和远海不同学科的不同研究人员，但海洋观测网的建设、安装和运营管理必须由一个唯一的项目办公室来完成。这个中央项目办公室将为数据管理、教育和外联活动提供协调的、全项目范围内的科学规划和监督，负责安装、维修及运作观测网络的财务及合约管理。项目办公室面临的最大挑战是将三个具有不同科学目标、基础设施要求和文化完全不同的团体整合到一个统一的项目中（见第 4 章）。

- 与 OOI 相关的基础设施的维护和运营成本每年可达 2 000 万至 3 000 万美元（不包括船期费用）。如果算上船期时间，这些成本可能会翻倍，每年将接近 5 000 万美元。部分团体也担忧这些成本可能会耗尽海洋科学其他领域的资源，并垄断船舶和遥控潜水器等资产，或担心技术更先进的观测系统的建造及安装成本超支，并影响观测系统其他组件的购置。虽然 OOI 的运营和维护成本很高，但这与其他主要的地球科学活动并不脱节。相比而言，2002 财政年度海洋钻探项目的预算有约 4 600 万美元用于"乔迪斯·决心"（JOEDES Resolution）号、科学钻探船和其他相关项目活动（钻井和科学支持服务、信息服务、出版物、行政管理）。尽管如此，维持和运行这个以研究为基础的观测网络所需的资金相当大，而且根据本报告的估测，该成本远远超过 2004 财政年度美国国家科学基金会 OOI 预算要求中的 1 000 万美元/年。为了减轻人们对观测网运行及维护费用会使海洋科学其他领域的资源流失的担忧，必须预先准确估测及预算这些费用，且设施运行和维护费用与科学成本明确分开，并制定严格的财政监督程序，以确保该项目在其预算范围内运行（见第 4 章）。

- 一些拟议的观测网络系统衍生了国家安全问题，需要在安装这些系统之前加以解决。有缆观测网和系泊设施，包括水听器阵列和其他类型传感器的位置、能力和观测时间存在这些问题。其他需要注意的事项还包括观测网络系统的完整性（确保观测网络基础设施上没有未经授权的传感器）和系统收集的数据的开放性（因此禁止个人用户进行数据加密）（见第 4 章）。

- 海洋观测网将需要大量的船舶和遥控潜水器（ROV）来安装、运行和维护，并向大学–国家海洋实验室系统（UNOLS）船只提出大量要求，以便定期为偏远海洋地点的观测节点提供服务。安装 15~20 个全球观测站点和一个区域性的东北太平洋时间序列海底网络实验（NEPTUNE）有缆观测网络，以及一个由系泊点和有缆网络组成的近海观测网络可能需要 4 年以上的船期（假设每年 300 天的作业时间），包括部署 1 年的工业合同船（用于电缆敷设和杆状浮标安装）。据估计，这一基础设施的维修至少需要 3 年的船期，其中大部分应为 UNOLS 船只或其商业同类船只的船期。观测网络的运行也需要大量的 ROV 作业时间（10~20 个月/年）。工作级和科研级船只的

ROV 都需要满足观测网络的要求。定期检查观测网络节点(有时位于偏远地区)的服务需要对 UNOLS 的船舶的调度提出特殊要求,特别是对于 UNOLS 大型的全球级和大洋级船舶(见第 5 章)。

- 学术界缺乏大型全球级船只和 ROV 在继续满足正在进行的远征研究需求的同时支持海洋观测网的安装和维护需求。如果 NSF 不承诺增强船舶和 ROV 的能力以满足这些需求,海洋观测网项目的范围和成功将可能受到威胁,以这些资源为基础的其他海洋研究也可能受到负面影响。目前,所有全球级 UNOLS 船只都接收了大量用于远征研究的订单,若不对其他海洋科学研究造成不可接受的后果,这些船只将无法满足海洋观测网的维护和运营需求。通过美国国家深潜设备(NDSF)提供的单一深海 ROV 也不足以为观测网络和一般科研活动提供支持。随着观测网络安装工作的开始,在 2007 年或 2008 年这一问题变得至关重要。2010 年,在 UNOLS 和通过 NDSF 提供的船只中,大型船舶能力将明显增加,避免了因海洋观测网的建立而对其他海洋研究领域造成重大负面影响。由于资助和建造新的 UNOLS 船只的筹备时间很长,为满足观测网络的需求而承包商业船只和 ROV 可能是一个有吸引力的选择(见第 5 章)。

- 我们的海上能源和电信行业在海底电缆和大型系泊平台的设计、部署和维护方面已拥有丰富的经验,并拥有可用于海洋观测网安装和维护的资产(遥控操作装置、电缆敷设船、重型起重船)。观测网络可采用多种方法以利用工商业界发展的技术和专业知识。这些选择范围包括与工商业界签订特定服务合约(例如制造观测网络基础设施组件、安装电缆或大型系泊平台,以及维修和保养这些设施),以及租用平台[例如船只、ROV、自治式潜水器(AUV)或系泊设施],参与 OOI 管理架构内的技术及工程咨询会。在某些情况下,工业界可提供成本效益高的方法来安装和维修海洋观测网的基础设施(见第 5 章)。

- 不同的 OOI 组成部分(全球、区域和近海)的基础设施需求有许多共同的元素,但也有显著的差异,这些差异是由离陆地远近、电力和数据遥测需求以及维护后勤等因素造成。我们需要在项目层级进行协调,以便利用这些不同观测网络系统的共同要素。然而,这些系统的不同技术、运营和后勤需求要求我们分别处理三个 OOI 组成部分的日常管理工作(见第 4 章)。

- 该技术已经用于某些类型的观测网络(例如低带宽深海浮标、沿海系泊观测网络、简单的有缆观测站),一旦有了资金,就可以开始部署这些系统。下一代观测网络(例如多回路、多节点有缆观测网络;高带宽光-电-机械电缆连接系泊;北极和南大洋观测网络以及可重新部署的近海观测网络）需要额外的原型和核心子系统测试，但应在 OOI（2006—2010 年）的五年时间框架内实现技术上的可行性。对系泊浮标和有缆观测网络的工程发展情况进行的回顾显示，更先进的观测网络系统所面对的主要工程发展问题正取得一些进展；板块级有缆观测网络和下一代系泊浮标系统已经完成了主要的概念和工程设计研究；已为浅水和深水有缆观测网络的试验台以及低带宽、可移动系泊浮标系统的原型开发获得了资金。然而，在安装这些系统之前，还需要为高带宽和/或高纬度浮标系统和具有多节点、多回路拓扑结构的有缆网络的原型制作和测试提供额外的资金（见第 3 章）。

- 退役通信电缆的可用性对海洋观测网科学来说可能是一个重要的机会。由于这些电缆的可用性是一个相对较新的发展思路，早期的 OOI 并未将其考虑在内。超过 35 000 km 海底电光通信电缆将在未来几年内被工业界淘汰。这些电缆可能已经投入使用，或在某些情况下已经迁移，可以向海洋偏远地区提供高带宽和电力，但必须解决一些后勤和技术问题，以确定迁移对任何特定拟议站点是否具有成本效益（见第 3 章）。

- 虽然市场上有一些具备观测能力的物理、地球物理和生物光学传感器，但能够用于海洋观测网进行化学和生物测量或在更具挑战性的环境中进行观测的传感器的数量非常有限，比如南大洋或北极海域。生物附着和腐蚀仍然是在海洋中进行长期无人值守观测时的主要障碍。除了开发新的生物化学传感器，我们还需要研究标准化传感器–观测网络接口，提高传感器的可靠性，提供现场传感器校准，减少生物附着，并将可能干扰其他测量的传感器相关的环境干扰降到最低。由于研制和生产新的传感器需要很长的周期，这项工作必须在观测网络安装完成之前就开始（见第 4 章）。

- 总的传感器和仪器投资最终在 OOI 的第一个十年投入观测系统使用，而这些传感器和仪器的投资可能接近基本基础设施本身的开销。通过 MREFC 提供资金的核心仪器组件只占总数的一小部分。本报告所引用的各种研讨会报告和规划文件包括用于海洋观测网的传感器和仪器的清单列表，这将使单一学科和跨学科的海洋研究具有普遍适用性。NSF 所采用的方法是，利用基础设施的科学计划或项目（无论是由 NSF 还是由其他机构支持的）为这些观测网络传感器和仪器提供大部分资金，而不是通过 MREFC 账户资助自建。这种方法在某种程度上类似于学术研究船队的管理方式，即每艘船都配备一套基本的仪器，但科学家或项目组通常负责在特定的考察中使用更专业的仪器。尽管如此，研究界担心，这些其他资金来源可能无法落实，进而推迟对观测网络基础设施的使用，致使其全部科学潜力无法实现(见第4章)。

- 为确保不同 OOI 观测网络的测量数据具有可比性，并充分发挥它们在研究和观测网络方面的潜力，观测网络的传感器需要根据国际标准进行校准。海洋研究观测网络的核心仪器和团体仪器将需要维护，并按照国际商定的标准进行例行校准，以便这些数据能够与全球地球和海洋观测系统的其他要素结合。仪器校准需要相应设施，包括校准标准、水槽和实验室，以及大量的工作人员(见第3章和第4章)。

- 海洋观测网的安装和维修，以及补充性研究活动将需要大量训练有素的海洋技术支援人员，大大超过现有的人力资源。此外，观测网络的运营将对仪器库存和资源，包括维修和校准设施提出大量需求。训练有素的海洋技术人员已经是稀缺资源；随着依赖先进技术的海洋观测网的出现，这种资源很可能成为一种有限的资源。虽然不是观测网络基础设施开支的一部分，但与 OOI 所设想的核心仪器和团体仪器有关的、部署前的仪器准备和校准、部署以及部署后校准和服务将需要大量的资金投入。对于需要劳动密集型校准的仪器，每个周期的维护成本将接近仪器的购买成本。校准基础设施的认证和维护也可能是一项重大的持续性投入(见第4章)。

- 尽管有一些现存的存储中心能够处理由海洋观测网收集的部分数据类型，但并不适用于其他文件类型。如果没有一个协调的数据管理和归档系统，由于缺乏数据标准、质量控制或存储集中汇总管理，海洋观测网获得的数据可能无法完全利用，海洋观测网的巨大科学和教育潜力可能无法实现。海洋科学界在使用现代数据管理系统来存档和分发其所获得的数据，以及在向研究人员提供实时或近实时的联机数据方面落后于许多其他学科(例如地震学、空间科学)，一些数据产品未能集中存储，且有价值的数据丢失或无法有效检索。经验表明，海洋观测网项目不能依靠个别研究人员来管理、存档或传播其数据。其数据必须通过已建立的数据中心进行专业管理和分发，并遵循一项政策，保证向海洋科学界和公众提供数据(见第4章)。

- 海底观测网络将为教育和公众参与(EPO)提供独特的机遇，它将通过互联网的互动，利用实时数据帮助学生、教师和公众理解海洋研究与他们日常生活的相关性，提升其对海洋科学的兴趣。观测网络的几乎所有方面纳入教育或公众参与计划，但是视频图像的实时显示和潜在的远程仪器观测网络交互将激发和吸引学生和普通大众了解更多关于海洋的知识。实时获取海洋信息将能使人们构建一个水下实验室，用以激励学生学习数学、物理和化学的基础知识，使他们成为更了解海洋的公民(见第4章)。

7.2 结论和建议

- NSF 应该继续为 OOI 提供资金，并为研究型海洋观测网建立基础设施。海洋观测网将为海洋科学家提供新的机遇，研究多个相互关联的过程，时间跨度从几秒到几十年不等，对区域过程进行比较研究，并绘制海盆尺度和整个地球结构图。为建立部分海洋观测网进行基础研究所需的科学规划和技术发展已经足够先进，当前可以在这一基础设施上进行重大投资。

- 在基础设施开发、仪器仪表、船舶和 ROV 的使用、数据管理和技术转让等领域，OOI、IOOS 和其他国家及国际观测网络之间的协调将变得至关重要。应通过美国国家海洋合作计划（NOPP）建立机制，促进美国支持海洋观测系统机构之间的协调。由 NSF 资助的海洋观测网将作为更广泛的国际工作的一个关键组成部分，在全球范围内研发、建造、部署和维护海洋观测网，以满足基础研究和业务需求。预计美国 OOI 将与其他国家的工作一起，最终发展成为一个真正的国际海洋观测网项目。然而，要充分发挥这个观测网络项目的潜力，合作伙伴在国家和国际层面上的良好协调至关重要。

- NSF 应通过地球和海洋系统动力学（DEOS）指导委员会或 OOI 项目办公室（成立后）制定一套即时程序，以更好地确定特定观测网络的科学目标、位置、仪器和基础设施的要求。此外，沿海研究界需要就可重新部署的观测网络（先锋阵列）、有缆观测网络和长期系泊设施（能更好地满足沿海和五大湖研究最大范围的具体要求的观测网络）之间的适当平衡达成共识。为了确保观测网络的基础设施（包括核心仪器组件）与科学要求完美匹配，并尽早确定最初的实验，以便在观测网络建成后立即获得科学回报，这一层次的科学规划十分必要。在第一批观测网安装之前，应完成 OOI 三个组成部分的下一年度规划。这一过程尽可能广泛涉及海洋科学界，包括举行征求和审查个人和团体建议的规划研讨会，以及为 OOI 项目办公室设立科学和技术咨询委员会。至关重要的是，这一过程应包括来自美国海洋界的代表，以确定 IOOS 和 OOI 对长期沿海观测的各自贡献，确定沿海地区研究和业务观测系统在设施需求方面的重叠范围，并启动两个项目之间的协调和联合规划。

- OOI 的管理模式应该基于多年的大洋钻探计划（ODP）的成功经验，并进行一些修改。该项目应由一个以团队为基础的组织管理，该组织最好具有大型海洋研究和运营项目的经验。虽然 ODP 管理模型是一个很好的管理模型，但其与管理 OOI 的需求方面仍然存在着重要的差异，这包括管理多个不同的运营设施；与若干不同的联邦资助机构协调永久性海洋观测网的工作；对新技术发展的更大需求；以及在国际层面上非结构化地参与项目。OOI 管理结构的理念应该是，不同 OOI 组成部分的日常运行由具有相应科学和技术专长的实体（科学机构、财团或私营企业）负责，而计划管理组织应负责协调、监督、财务和合同管理。OOI 观测项目计划管理组于 2003 年年底成立，负责统筹项目的科学规划和技术发展，为观测网络基础设施的建造和安装做准备，包括大量前期规划工作。

- OOI 规划办公室成立后应对三个 OOI 组成部分中的每个组件进行全面的系统工程设计评审；为每个观测网络系统制订详细的实施计划及风险评估；为建造、安装、维护和运营提供详细的成本估算；安排一个独立的专家小组审查这些计划；建立监督机制和财政控制机制，确保按期并在预算内完成实施任务。OOI 是一项大型、复杂且具有技术挑战性的工作。为了减少与这项投资有关的技术和财政风险，我们必须制订一个有具体节点、由独立专家定期审查的详细执行计划。观测网络系统的操作员必须能够处理设计可靠性的问题，例如对系统损坏或故障作出及时反应、故障之间的平均间隔时间，以及其他影响系统生命周期成本和科学研究功能的因素。该计划必须在推动科技突破极限的愿景与提供可靠、实用和具成本效益的观测网络科研基础设施的需求之间取得平衡。重要的是，通过 MREFC 账户提供的观测网络建设和安装资源必须与每个观测网络组件的实际成本预测相匹配。如有必要，拟议的范围必须调整到在预算限制范围内能够实际完成的范围。

- OOI 规划办公室应该开发一个运营策略，解决 OOI 三个组成部分的每个潜在用户之间研究时间、带宽和电力使用的分配问题。拟定实验的优先次序应基于拟议科学研究目标的质量，通过同行评审过程而判定。项目办公室的最高优先事项之一是确保所有受资助的研究人员公平地使用观测网络的基础设施。项目管理需要通过科研咨询机构与科学界合作，选择、支持和定期评估团体实验；定义访问要求并为个别研究人员发起的实验提供技术支持；为不参与部署实验但欲访问数据库和档案的科学家制定协议；与其他用户（如营利性娱乐行业）协商访问协议。观测网络的运营规则必须兼顾科学界、有意使用或支持使用这些设施的机构、国际合作伙伴和合作者以及其他用户的需求。

- 一个成功的观测网络计划将需要足够的资金来运营和维护观测网络的基础设施，以及这个基础设施所能支持的科学研究。NSF 需要采取适当的措施确保在观测网络的基础设施就绪之前，有足够的资源来满足这些需求。通过 OOI 的 MREFC 获得的、与基础设施有关的运作和管理费用估计每年约为 2 500 万美元(不包括船期)。如果包括船期，这个数字将翻倍(见表 4–1)。这些估测都不包括新基础设施将衍生的科研经费。虽然这些成本很难估测，但肯定会占到年运营和维护成本的很大一部分。如果要充分发挥观测网络的科研潜力，并确保观测网络的规划不会耗用其他海洋科学领域的资源，就必须为观测网络的科研及有关的运营及维护费用提供足够的资金。

• NSF 应与美国海军部部长办公室的相关工作人员、美国国家海洋研究领导委员会(NORLC)合作，尽快制定相关政策，解决海洋观测网系统能力所引发的国家安全问题。虽然这些担忧涉及重大问题，但它们可以解决。此外，美国海军渴望从观测网络的科学成果中获益。尽早在高层建立这些安全策略——在观测网络搭建之前——非常重要。未能及时解决这些安全问题可能会妨碍观测网络基础设施的部署或运营。由于观测网络将研发出更复杂的传感器系统，为了审查涉及美国国家安全部队、美国海军和美国国土安全部的国家安全问题，需要进行一系列处理工作。这一处理还必须确保遥测和观测网络配置控制的完整性，以便所有连接的传感器都受到控制和感知。

• UNOLS 及其深潜科学委员会(DESSC)应制订一项战略计划并确定最具成本效益的方案，为观测网络的运维提供所需的船舶和遥控潜水设备，且 NSF 应承诺提供必要的、获得这些资产的资金。本计划应考虑向 UNOLS 船队增加新的船只和ROV，并考虑承包或长期租用商业船只或 ROV 来运维观测网络。目前的 UNOLS 船队的更新计划未充分满足 OOI 对船舶的需求。为了确定支持全球、区域和近海观测网络所需的船舶和 ROV 设施，并制定一项在五年的 OOI 建设和安装时间表内提供这些资产的计划，我们迫切需要进行一些研究。本研究应评估预安装(如电缆线路图)和安装要求(如电缆敷设、系泊部署和传感器安装)以及观测网络系统的运营和维护需求。策略计划应考虑学术界及商业资产的组合，以找出最具成本效益的方法，支持观测网络未来的需求，特别是该计划需要更好地满足观测网络对系泊和海底节点安装、维护和更换所需的全球级巨型起重船舶的需求，以及提出应以何种方式扩大研究界获得用于观测网络业务的 ROV 资产的能力。根据这份报告，联邦海洋设施委员会(FOFC)和 UNOLS 应该重新评估学术级船队的更新计划，以确保未来的学术级船队能很好地满足观测网络和远征科学的需求，且 NSF 应该投入必要的资源来实施这项计划。如果 NSF 不承诺增强船舶和 ROV 的系统能力以满足这些需求，海洋观测网项目的范围和成功将可能受到威胁，以这些资源为基础的其他海洋研究也将可能受到负面影响。

• 为了将更先进的系泊浮标及有缆观测系统在 2006—2010 年安装，NSF 需要在未来 2~3 年内提供大量资金，以完成核心子系统的原型设计和测试，并建立试验台对这些系统的性能和新的观测仪器进行评估。对于简单的系泊和海底有缆观测网络配置，我们已经具备工程和运营经验，但更先进的系统(如多回路、多节点有缆观测网络；高纬度浮标；高带宽浮标)尚未建成，并面临一些重大的技术挑战。虽然这些较先进的系统在 OOI 的五年时间内可用，但仍需要对所有主要子系统进行充分的原型设计和测试，包括建立一个或多个试点观测网络，以尽量降低部署这些先进系统的风险。从现在到 2006 年，这可能还需要投资几百万美元。

• 应组建具有相应科学和技术专业知识的委员会，充分探讨利用退役电信电缆为一些先前提出的 OOI 站点提供电力和带宽的技术可行性、成本和效益。对海洋观测网来说，利用已退役的电信电缆可能是一次重要的机遇，但这种机遇可能只存在于相对较短的时间内。由于缺乏适当的专业知识和时间，本报告未评估许多与观测网络重新使用电缆有关的技术、后勤和财务问题。但强烈建议 NSF 通过 DEOS 组成一个具有相应专业知识的委员会，全面评估利用退役电信电缆向一些拟议的观测网络提供电力和带宽的潜在益处。

• 观测网络应在每个观测点安装一套核心仪器作为基本的观测基础设施的一部分，并为其提供测试系统功能的经费，为观测网络在基础研究方面的有效应用提供必要的科学支持。虽然用于海洋观测网的科学仪器和实验的大部分资金预计将来自与项目有关的资助，这些核心仪器可包括：①用于确定系统运行状态的工程或系统管理传感器；②进行基本的物理、化学和生物测量的、海洋研究必不可少的商用现货仪器。核心仪器的数据应通过观测网络的数据管理系统向人们实时提供，或在实际情况下尽快提供。不同级别的观测网络对核心仪器的需求会有很大的差异，这将具体取决于每个节点的科学目标。每个观测网络系统的发起人都能够权衡投入观测网硬件的资源(即系泊设施数目或缆绳的长度)与投入核心仪器的资源之间的平衡。

• 为了获取充分利用海洋观测网基础设施的科学潜力所需的全套传感器和仪器，NSF 需要设立一个独立的、资金充足的观测仪器项目，其他对海洋研究感兴趣的机构需要积极贡献其力量。美国国家科学基金会海洋科学部计划对研究驱动型的观测网络工作的远期科研的成功与否至关重要。同行评审将确保对新仪器的投资基于最强有力的科学理论和最大的回报概率。考虑到建造和获取新仪器所需的大量准备时间，人们建议 NSF 在这些观测网络投入使用之前建立一个"海洋观测仪器项目"。由于观测网络的仪器需求将不断增加，只要观测网络还在运行，就需要这样一个项目。对海洋研究领域有兴趣的其他机构可能对海洋观测仪器提供支持，建议 NSF 通过诸如 NOPP 这样的机构间合作机制探索这些方案的可行性。

• 为使 NSF 有能力支持 OOI 的需求，NSF 应扩大其仪器开发、支持和校准项目建设，包括延长拨款期限。当务之急应开发化学和生物传感器、减少受生物侵蚀和腐蚀的、能够在更极端环境中使用的传感器以及更精确的传感器。我们需要努力为海洋观测网科学研制新一代仪器和传感器。传感器技术，特别是原位化学和生物传感器还不够先进，无法充分发挥观测网络基础设施的能力。此外，需要改进许多现有传感器，以便使它们能够在长时间且无人值守的情况下工作（特别是在南大洋或北极的高纬度地区），并减轻诸如生物附着等问题。鉴于对海洋观测网的巨大科研需求，可能需要在研发观测网络传感器方面制订一个具体方案，以发展新的仪器，并将其从研究工具转变为符合观测网络能力要求的传感器。

• NSF 应与长期从事海洋观测的其他机构合作，以保障仪器、维护和校准设施的资源和技术人员，并拥有支持海洋观测的必要资金。近年来，从事部署系泊设备和维护系泊仪器的美国团体的数量有所减少，许多剩余团体的规模也有所缩减。由于建立研究驱动和业务型观测系统而大大增加了仪器的维修和校准需求，目前的基础设施不足以满足今后十年的需要。NSF 需要与其他支持地球和海洋观测系统的机构合作，确保为观测网络仪器维护和校准提供充足的设施和人员支持。学术界对劳动力培训的需求通常是由产业界共同分担，这可能为产业界和学术界的合作创造机会。

• NSF 应与美国和其他参与建立海洋观测系统的国家的其他有关机构合作，确保建立并资助文档中心处理和存档海洋观测网收集的数据，并使这些数据便于基础研究、业务需要和公众查阅。数据观测网络必须参照国家和国际服务商制定的标准，通过已建立的数据中心进行专业管理和分发。由于海洋观测网收集的数据具有跨学科性质，它们不会单一地归档到这些数据的中央存储中心，而是归档到针对特定数据类型的分布式中心网络中（例如地震学、海洋学、生物学或大地学）。该项目需要为科学家提供工具，以便在这个分布式数据中心网络中搜索和检索数据，这些数据存档中心将需要持续的资金支持数据的存档和分发，甚至在项目结束后依然需要。

- OOI 程序应设立一个开放的数据策略,将来自所有核心测试和团体实验的数据实时公开。开放的数据政策将最大限度地科学利用海洋观测网的数据。随着时间的推移,这一政策将便于世界各地的科学家更容易获得这些数据,从而大大增加致力于探究海洋相关问题的研究团体的规模。开放的数据政策还将便于观测网络数据或产品在教育、公共政策和决策以及公众层次的应用。对于纯实验仪器数据,即使无法确定质量控制程序,也须将具有良好文档记录的原始数据存档。

- 应为所有类型的海洋观测网建立数据交换、数据和元数据格式以及存档方法的标准,并应与其他基于研究的国际观测网络项目(如 IOOS 和 GOOS),协调和集成。应该在 OOI 项目层面设立一个数据管理委员会,负责制定元数据准则和可扩展标准,并开发一套数据及元数据搜寻和检索架构,以便在观测网络计划所建立的多个资料库之间进行检索。该委员会还应开发文档规范且可靠的标准和协议,以保证所有数据中心之间的互操作性。标准和协议的制定应与其他国家和国际项目协调。

- 观测网络科学的教育和公众参与活动应由专业人员在计划层级进行协调,并由计划和项目两级提供资助。观测网络教育计划应符合国家科学教育标准,并应与国家海洋赠款计划和海洋科学教育英才中心(COSEE)合作。观测网络涉及许多方面的研究,这使它成为教育和公众参与计划的理想选择,特别是观测网络的实时传输视频能力和实时仪器控制能力。教育和公众参与必须成为观测网络工作的一项重要目标,以便让学生、教师、大学教师、预科教师、K-12 学生,以及对海洋科学研究和发布这些数据感兴趣的公众参与进来。然而,教育项目也应利用这种参与度来帮助满足美国国家科学教育标准(NSES)。我们强烈建议通过与国家海洋赠款计划和 COSEE 的协作努力开展教育和公众参与项目。

- NSF 或 OOI 项目办公室成立后应就举办研讨会以处理本报告中提出的 EPO 问题一事征求建议,并为海洋研究观测网络制订一套具体的 EPO 实施计划,包括拟议 EPO 活动预算。我们的经验表明,如果将教育和公众参与工作作为观测网络最初设计的一部分,而不是事后再考虑,那么观测网络将会取得更大的成功,更具成本效益。只有在所有项目级别都对这一努力作出有意义的财政投入,并向个体研究人员提供激励和支持,使他们能够采用创新的方式向学前至 12 年级学生、大学预科教师和公众展示他们的数据时,才能成功实现 EPO 计划。

参考文献

Argo Data Management Committee. 2002. *Argo Data Management Handbook*, Version 1. 0. Institut français de recherché pour l'exploitation de la mer (IFREMER), Brest, France, and Marine Environmental Data Service (MEDS), Ottawa, Canada.

Baker, P., and M. McNutt, eds. 1996. *The Future of Marine Geology and Geophysics (FUMAGES)*. Report of a Workshop, Ashland Hills, OR, December 5–7, 1996. Consor- tium for Oceanographic Research & Education, Washington, DC, 264pp.

Chave, A. D., R. Butler, and T. Pyle, eds. 1990. Workshop on the Scientific Uses of Undersea Cables, January 30 – February 1, 1990, Honolulu, HI. Incorporated Research Institutions for Seismology (IRIS)/Joint Oceanographic Institutions, Inc. (JOI), Washington, DC.

DEOS Global Working Group. 1999. *Moored Buoy Ocean Observatories*. The Scripps Institu- tion of Ocea-nography, University of California, San Diego.

DEOS Moored Buoy Observatory Working Group. 2000. *DEOS Moored Buoy Observatory Design Study*. [On-line] Available: http://obslab. whoi. edu/buoy. html [March 26, 2003].

DEOS Moored Buoy Observatory Working Group. 2003. *Implementation Plan for the DEOS Global Network of Moored Buoy Observatories*. The Scripps Institution of Oceanography, University of California, San Diego.

Dickey, T., and S. Glenn. 2003. *Scientific Cabled Observatories for Time Series (SCOTS) Report*. National Science Foundation, Draft, Arlington, VA, 92pp.

Duennebier, F. K., D. Harris, J. Jolly, J. Caplan-Auerbach, R. Jordan, D. Copson, K. Stiffel, J. Babinec, and J. Bosel. 2002. HUGO: The Hawaii Undersea Geo-Observatory. *Institute of Electrical and Electronics Engineers Journal of Oceanic Engineering*, 27(2): 218–227.

Eriksen, C. C., T. J. Osse, R. D. Light, T. Wen, T. W. Lehman, P. L. Sabin, J. W. Ballard, and A. M. Chiodi. 2001. Seaglider: A long range autonomous underwater vehicle for oceanographic research. *Institute of Electrical and Electronics Engineers Journal of Oceanic Engineering*, 26(4): 424–436.

Federal Oceanographic Facilities Committee. 2001. *Chartingthe Future of the National Academic Re-search Fleet: A Long-Range Plan for Renewal*. National Oceanographic Partnership Program, Washington, DC.

Freitag, L., M. Johnson, and D. Frye. 2000. High-rate acoustic communications for ocean observatories:

Performance testing over a 3 000 m vertical path. Pp. 1443 - 1448 in Proceedings of Oceans 2000 *M. T. S. /I. E. E. E. —Where Science and Technology Meet*, Volume 2. Marine Technology Society, Columbia, MD and Institute of Electrical and Electronics Engineers, Inc., Piscataway, NJ.

Friederich, G. E., P. M. Walz, M. G. Burczynski, and F. P. Chavez. 2002. Inorganic carbon in the central California upwelling system during the 1997—1999 El Niño–La Niña event. *Progress in Oceanography*, 54(1-4): 185-203.

Goodstein, D. 2003. "Scientific elites and scientific illiterates." In: *Resources for Scientists in Education and Public Outreach.* Space Science Institute, Boulder, CO. [Online] Available: http://www. spacescience. org [July 12, 2003].

Hallengraeff, G. M. 1993. A review of harmful algal blooms and their apparent global increase. *Phycologia*, 32: 79-99.

Hughes, D., D. Freeborn, D. Crichton, C. Atkinson, and J. Hyon. 2001. *GESS Ground Data System Proposal.* Jet Propulsion Laboratory, Pasadena, CA.

Isern, A. 2002. Presentation to the NRC Committee on the Implementation of a Seafloor Observatory Network for Oceanographic Research, October, 2002. Washington, DC.

Jahnke, R., L. Atkinson, J. Barth, F. Chavez, K. Daly, J. Edson, P. Franks, J. O'Donnell, and O. Schofeld. 2002. *Coastal Ocean Processes and Observatories: Advancing Coastal Research.* Skidaway Institute of Oceanography TR-02-01. Skidaway Institute of Oceanography, Savannah, GA.

Johnson, K. S., and L. J. Coletti. 2002. In situ ultraviolet spectrophotometry for high resolution and long-term monitoring of nitrate, bromide and bisulfide in the ocean. Deep-Sea Research Part I: *Oceanographic Research Papers*, 49(7): 1291-1305.

Joint Oceanographic Institutions, Inc. 1994. *Dual Use of IUSS: Telescopes in the Ocean.* Joint Oceanographic Institutions, Inc., Washington, DC.

Jørgensen, B. B., and K. Richardson, eds. 1996. "Eutrophication in coastal marine ecosystems." In: *Coastal and Estuarine Studies*, Volume 52. American Geophysical Union, Washington, DC.

Jumars, P., and M. Hay, comps. 1999. *OEUVRE, Ocean Ecology: Understanding and Vision for Research.* University Corporation for Atmospheric Research, Joint Office for Science Support, Boulder, CO.

Mayer, L., and E. Druffel, eds. 1999. The Future of Ocean Chemistry in the U. S. *Report of the FOCUS Workshop. University* Corporation for Atmospheric Research, Joint Office for Science Support, Boulder, CO.

National Research Council. 1995. Beach *Nourishment and Protection.* National Academy Press, Washington, DC.

National Research Council. 1996. *National Science Education Standards.* National Academy Press, Washington, DC.

National Research Council. 2000. *Illuminating the Hidden Planet: the Future of Seafloor Observatory Science*. National Academy Press, Washington, DC.

National Science Foundation. 2001. *Ocean Sciences at the New Millennium*. National Science Foundation, Arlington, VA.

National Science Foundation. 2002. *Major Research Equipment and Facilities Construction FY 2004 Budget Request*. National Science Foundation, Division of Ocean Sciences, Arling ton, VA.

National Science Foundation. 2003. Guidelines for Planning and Managing the Major Research Equipment and Facilities Construction Account. National Science Foundation, Division of Ocean Sciences, Arlington, VA. [Online] Available: http: //www. nsf. gov/bfa/lfp/document/ mrefc. pdf [July 12, 2003].

NEPTUNE Canada. 2000. *Feasibility of Canadian Participation in the NEPTUNE Undersea Observatory Network*. Canadian NEPTUNE Management Board, Victoria, British Columbia. [Online] Available: http: //www. neptunecanada. com/neptune-canada/Canadianfeas. pdf [July 12, 2003].

NEPTUNE Data Communications Team. 2002. *NEPTUNE Data Communications System Design Requirements and Conceptual Design*. Draft Report. Version 0. 9. Woods Hole Oceanographic Institution, Woods Hole, Massachusetts. Available: http: //sea. whoi. edu/nept comm/documents [July 12, 2003].

NEPTUNE Phase 1 Partners: University of Washington, Woods Hole Oceanographic Institution, Jet Propulsion Laboratory, and Pacific Marine Environmental Laboratory. 2000. *Real-time, Long-term Ocean and Earth Studies at the Scale of a Tectonic Plate*. [Online] Available: http: //www. neptune. washington. edu/pub/documents/documents. html # AnchorNEPTUNE - 33869 [March 26, 2003].

Ocean US. 2002a. *An Integrated and Sustained Ocean Observing System (IOOS) for the United States: Design and Implementation*. Ocean. US, Arlington, VA. [Online] Available: http: // www. Ocean. US/documents/docs/FINAL-ImpPlan-NORLC. pdf [July 12, 2003].

Ocean US. 2002b. Building Consensus: Toward an Integrated and Sustained Ocean Observ ing System. *Ocean. US Workshop Proceedings*. Ocean. US, Arlington, VA. [Online] Avail - able: http: // www. Ocean. US/documents/docs/Core_lores. pdf [July 12, 2003].

Petitt, R. A, Jr., D. W. Harris, B. Wooding, J, Bailey, J. Jolly, E. Hobart, A. D. Chave, F. Duennebier, R. Butler, A. Bowen, and D. Yoerger. 2002. The Hawaii-2 Observatory. *Institute of Electrical and Electronics Engineers Journal of Oceanic Engineering*, 27(2): 245- 253.

Purdy, G. M., and J. A. Orcutt, eds. 1995. *Broadband Seismology in the Oceans Towards a Five- Year Plan*. Ocean Seismic Network/Joint Oceanographic Institutions, Inc., Washington, DC.

Rabalais, N. N., and R. E. Turner, eds. 2001. "Coastal hypoxia: consequences for living resources and ecosystems". In: *Coastal and Estuarine Studies*, Volume 58. American Geophysical Union, Washington, DC, 460pp.

REVEL Project. 2003. Mission Statement. [Online] Available: http://www.ocean.washington.edu/ocean_web/education/outreach/outreach.html [July 12, 2003].

RIDGE. 2000. *In-Situ Sensors: Their Development and Application for the Study of Chemical, Physical and Biological Systems at Mid - Ocean Ridges*. [Online] Available: http://ridge.oce.orst.edu/meetings/ISSworkshop/ISS_Report.pdf [July 12, 2003].

Royer, T., and W. Young, comps. 1998. The Future of Physical Oceanography. *Report of the Advances and Primary Research Opportunities in Physical Oceanography Studies (APRO - POS) Workshop*. University Corporation for Atmospheric Research, Joint Office for Science Support, Boulder, CO, 255pp.

Scholin, C., G. Massion, E. Mellinger, M. Brown, D. Wright, and D. Cline. 1998. The Development and Application of Molecular Probes and Novel Instrumentation for Detection of Harmful Algae. Pp. 367-370 in *MTS/Ocean Community Conference '98 Proceedings—Celebrating* 1998 *International Year of the Ocean*, Volume 1. Marine Technology Society, Columbia, MD.

Summerhayes, C. 2002. GOOS project update: implementation progress. *Sea Technology*, 43 (10): 46-49.

Thornton, E., T. Dalrymple, T. Drake, E. Gallagher, R. Guza, A. Hay, R. Holman, J. Kaihatu, T. Lippmann, and T. Ozkan-Haller. 2000. *State of Nearshore Processes Research*: II. NPS-OC-00-001. Naval Postgraduate School, Monterey, CA. [Online] Available: http://www.coastal.udel.edu/coastal/nearshore report/nrw report/html [July 12, 2003].

University of Hawaii, Department of Oceanography. 2002. *Aloha Observatory*. [Online] Avail - able: http://kela.soest.hawaii.edu/ALOHA/ [11 April 2003].

U. S. House, Committee on Science. 1999. *K-12 Math and Science Education: What is Being Done to Improve it?* Hearing before the Committee on Science, 28 April 1999, 106th Congress, 1st Session. Serial No. 106-34. Government Printing Office, Washington, DC.

附录 A   委员会和成员简介

海洋学研究海底观测网实施委员会成员

罗伯特·S. 德特里克(主席),1978 年获得麻省理工学院/伍兹霍尔海洋研究所海洋物理学联合项目的海洋地球物理学博士学位。自 1991 年以来,德特里克博士一直在伍兹霍尔海洋研究所(WHOI)担任资深科学家。他的研究重点是海洋地壳结构、岩石圈的热演化、增生板块边界的构造和海洋上地幔的动力学。德特里克博士目前是伍兹霍尔地质和地球物理学系主任。他曾担任美国国家研究委员会海洋观测网研究委员会的副主席,该研究后来正式更名为"海洋观测网的挑战与机遇"。德特里克博士是海洋研究委员会(Ocean Studies Board)的前成员。

亚瑟·B. 巴格罗尔,1968 年从麻省理工学院毕业并获得了科学博士学位。他目前是福特大学工程学教授,并在麻省理工学院海洋与电气工程系担任海军作战部海洋科学委员会主席的助理。他的专业领域涉及信号和阵列处理在海洋和结构声学、声呐、海洋工程、遥感和地球物理学中的应用。巴格罗尔博士自 1995 年以来一直是美国国家工程学院的成员,目前在海洋研究委员会和海军研究委员会(Naval Studies Board)任职。此外,他还在美国国家科学院的几个委员会和小组中任职。他曾任麻省理工学院/伍兹霍尔海洋研究所海洋学与海洋工程联合项目的主任。

爱德华·F. 德龙拥有加州大学圣迭戈分校/斯克里普斯海洋学研究所的海洋生物学博士学位。他是蒙特利湾海洋研究所(MBARI)的高级科学家和微生物海洋学小组的负责人。此外,他是加州大学圣克鲁斯分校的兼职教授和斯坦福大学的客座教授。德龙博士的研究涉及海洋微生物生物学、微生物进化和生态学,以及环境微生物学中的基因组方法。

弗雷德·K. 丁内比尔于 1972 年在夏威夷大学获得地球物理学博士学位。他是夏威夷大学的地球物理学家。他的研究领域涉及偏远地区的地震研究、海洋地球物理仪器、海底观测网络和海洋环境中的火山地震学。他目前参与了三个海底观测网络的工作:夏威夷海底地质观测网络、夏威夷 2 号观测网络、澳大利亚-新西兰-加拿大跨太平洋通信电缆长期贫营养型栖息地评估站。他一直是美国国家科学基金会、海军研究局和美国海军资助的多项深海和海底研究项目的首席研究员。

安·E. 加吉特，1970 年在英属哥伦比亚大学获得了物理海洋学博士学位。她目前是欧道明大学的海洋学教授。她的研究领域涉及海洋混合过程和测量这些过程的新观测技术，特别是海岸带以及浮游生物与湍流的生物物理相互作用。她目前是近海海洋过程计划（CoOP）科学指导委员会和时间序列科学有缆观测网（SCOTS）科学指导委员会的成员。此外，她于 1999—2001 年在加拿大东北太平洋时间序列海底网络实验（NEPTUNE）项目科学委员会任职。

罗斯·希恩于 1968 年在斯克里普斯海洋研究所获得海洋学博士学位。他是华盛顿大学海洋和渔业科学学院的海洋学教授和名誉院长。他的研究领域包括深海沉积物的地球化学及其在古海洋学、古气候学、深海锰铁结核中的应用，以及放射性废物与深海沉积物的相互作用。他曾为海底有缆观测网络项目工作，是 NEPTUNE 项目的顾问。他曾在 13 个国家研究委员会和小组中任职，包括海洋科学委员会（海洋研究委员会的前身）、放射性废物管理委员会，并担任海洋科学和政策委员会主席。

杰森·J. 海恩于 1988 年获得南加州大学电机工程理学硕士学位。他是加利福尼亚州帕萨迪纳喷气推进实验室地球科学数据系统部门的副经理。在这个职位上，他负责监督美国航空航天局地球科学任务的地面数据系统开发，包括 Terra 卫星的多角度频谱成像仪（MISR）和先进星载热辐射和反射辐射计（ASTER）；Aqua 卫星的大气红外探测仪（AIRS）；Aura 卫星的对流层发射光谱仪（TES）；Topex/Poseidon 卫星；还有先进地球观测系统（ADEOS）的海洋风场散射计（SeaWinds）。他的研究领域包括实时系统开发、数据分发和海量存储系统设计、卷和文件结构标准，以及基于互联网/内部网的多媒体数据库系统。他曾为美国国防部和能源部开发和管理信息系统。

托马斯·C. 约翰逊，1975 年在加州大学圣迭戈分校获得海洋学博士学位。他是明尼苏达大学德卢斯分校的地质学教授和大型湖泊观测网络的主任。他的研究兴趣是利用高分辨率地震反射剖面、侧扫声呐和多波束声呐对大型湖泊盆地进行声波遥感，观测大型湖泊的沉积过程，以及基于湖泊沉积物岩心分析的古气候学研究。他曾在杜克大学任教 11 年。1993—1994 年，他是法国富布赖特学者。他是国际联合委员会大湖研究管理人员理事会的成员，也是东非湖泊国际十年项目指导委员会的成员。

德卢斯·德鲁·米歇尔拥有超过 35 年的深水作业技术和高级管理经验。1976 年，他组建了海上工业的第一个大型商业远程操纵式潜水器项目，并于 1986 年成立了第一家专门从事远程操纵式潜水器技术的工程咨询公司。他是遥控潜水器技术公司的所有人和首席顾问，也是该公司的合伙人和董事会成员，并担任火炬海洋公司董事会成员。他是电气与电子工程师协会的高级成员，也是海洋技术协会（MTS）的成员，曾担任海洋技术协会水下机器人委员会主席。他是年度水下干预会议的联合主席，并在 2001 年担任石油工程师协会北美海底技术年度系列论坛的指导委员会成员。他是美国国家海洋产业协会技术政策委员会副主席。他曾在国家研究委员会的一个委员会任职，负责处理美国对水下交通工具的需求。1990 年他荣获了"杰出工程成就奖"。他是 1997 年洛克赫德·马丁海洋科学与工程奖的获得者，以表彰他对遥控潜水器技术发展的总体贡献。

焦安·欧尔特曼−谢衣拥有加州大学圣迭戈分校应用物理和电气工程学士学位，应用海洋科学硕士学位，以及斯克里普斯海洋研究所的海洋学博士学位。她目前是西北研究协会（NorthWest Research Associates）的主席，这是一个由首席研究员拥有和运营的地球科学研究组织，也是华盛顿大学海洋学院的附属机构。欧尔特曼−谢衣博士的研究领域包括近岸流体和泥沙动力学，近岸环境遥感，海浪方向测量传感器阵列的设计和应用，原位传感器软件包和实时数据采集系统的设计、开发和现场测试。她之前在美国国家科学院的工作经历有：担任海军特种作战海洋学研讨会指导委员会的成员，担任美国地质调查局海岸和海洋地质学项目审查委员会主席，以及满足国家海岸需求的高级优先科学委员会的成员。

耶利·亚利康，1983 年在法国雷恩的国家应用科学研究所获得计算机工程博士学位。她目前是位于法国普劳赞恩的法国海洋开发研究院（IFREMER）科里奥利项目的负责人。科里奥利项目是 7 个法国机构的合作项目，其目的是为多个机构建立实时和延迟的现场数据中心，以便收集、验证并向科学界和建模人员分发海洋数据。科里奥利项目还组织了海洋剖面仪、海洋测量船和漂流系泊点的数据收集。亚利康博士的研究领域包括卫星测高和现场数据管理。亚利康博士还曾担任 Argo 数据管理委员会的联合主席，并担任全球两个 Argo 数据中心之一的负责人。此前，亚利康博士担任 IFREMER 的档案及处理中心（CERSAT）卫星数据中心的负责人长达九年之久。

奥斯卡·M. E. 斯科菲尔德于 1993 年在加州大学圣巴巴拉分校获得生物学博士学位。他目前是罗格斯大学海洋与海岸科学研究所的终身副教授。他的研究领域包括水生生态系统初级生产力、浮游植物的生态学以及海洋中生物地球化学循环，除了作为几次海洋观测网研讨会的受邀科学家，他还是负责开发中大西洋湾全大陆架海洋观测系统的主要研究人员之一。

罗伯特·A. 韦勒于 1978 年在斯克里普斯海洋研究所获得博士学位。他是伍兹霍尔海洋研究所气候与海洋合作研究所所长，自 1979 年以来一直在伍兹霍尔海洋研究所工作。他的研究集中在大气压力(风应力和浮力通量)，上层海洋的表面波，上层海洋变异性的预测，以及海洋在气候中的作用。他担任海军海洋学主席秘书。他曾多次进行系泊设施的部署，并有使用海洋观测仪器的实际经验。

美国国家研究委员会成员

乔安妮·C. 宾茨在罗德岛大学海洋研究所获得了生物海洋学博士学位。宾茨博士利用中型实验生态系统研究了水质下降对鳗鱼幼苗的影响，以及富营养化对浅层大型植物为主的沿海池塘的影响。她指导了美国国家研究委员会对《佛罗里达岛礁群的承载能力和化学参考物质的研究综述：建立海洋学标准》(*The Review of the Florida Keys Carrying Capacity and Chemical Reference Materials：Setting the Standard for Ocean Science*)的研究，她的研究领域包括海岸生态系统、海岸水域富营养化、海草生态和恢复、海洋教育、海岸管理和政策。

南希·A. 卡普托获得了南加州大学公共政策硕士学位和政治学/国际关系学士学位。她在美国海洋研究委员会任职期间，协助完成了三份报告：佛罗里达岛礁群承载能力研究综述(2002)[*A Review of the Florida Keys Carrying Capacity Study (2002)*]，乳化燃料的风险与应对(2002)[*Emulsified Fuels—Risks and Response (2002)*]和阿拉斯加海域中虎头海狮的衰落：解开食物链和渔网(2003)[*Decline of the Steller Sea Lion in Alaskan Waters—Untangling Food Webs and Fishing Nets (2003)*]。卡普托女士曾在美国东北部和西北部从事渔业管理、渔业团体社会经济援助项目和栖息地恢复项目方面的专业性研究。她的研究领域包括海洋政策和科学、海洋教育、海岸管理和栖息地恢复。

附录 B　缩略语列表

缩写	英文全称	中文
AAIW	Antarctic Intermediate Water	南极中层水
ABE	Autonomous Benthic Explorer	自主式海底探测器
ACT	Alliance for Coastal Technologies	沿海技术联盟
ADEOS	Advanced Earth Observing System (Japan)	先进地球观测系统(日本)
AIRS	Atmospheric Infrared Sounder	大气红外探测仪
ALOHA	A Long-term Oligotrophic Habitat Assessment Station	长期贫营养型栖息地评估站
ALOOS	Acoustically-Linked Ocean Observing System	声学连接海洋观测系统
API	Application Programming Interface	应用程序接口
ARENA	Advanced Real-Time Earth Monitoring Network in the Area	区域先进实时地球监测网
ASTER	Advanced Spaceborne Thermal Emission and Reflection Radiometer	先进星载热辐射和反射辐射计
ASW	Anti-Submarine Warfare	反潜战
AUV	Autonomous Underwater Vehicle	自治式潜水器
AWI	The Alfred Wegener Institute	阿尔弗雷德魏格纳研究院
B-DEOS	British-Dynamics of Earth and Ocean Systems	英国地球和海洋系统动力学
BATS	Bermuda Atlantic Time-series Station	百慕大大西洋时间序列站
BCKDF	British Columbia Knowledge and Development Fund	英属哥伦比亚知识和发展基金
BIO	Bedford Institute of Oceanography (Canada)	贝德福德海洋研究所(加拿大)
BTM	Bermuda Testbed Mooring	百慕大试验台系泊设施
C-GOOS	Coastal Global Ocean Observing System	沿海全球海洋观测系统
CDIP	Coastal Data Information Program (Australia)	海岸数据信息计划(澳大利亚)
CERSAT	Centre ERS d'Archivage et de Traitement (see ERS)	档案及处理中心(见 ERS)
CFI	Canadian Foundation for Innovation	加拿大创新基金会
CIS	Central Irminger Sea	伊尔明厄海中部
CLIVAR	Climate Variability and Predictability Programme	气候变率及可预测性计划
CoOP	Coastal Ocean Processes Program	近海海洋过程计划
COOP	Coastal Ocean Observations Panel	沿海海洋观测小组
CORE	Consortium for Oceanographic Research and Education	海洋学研究与教育联盟
COSEE	Center for Ocean Sciences Education Excellence	海洋科学教育英才中心
CRAB	Coastal Research Amphibious Buggy	沿海研究两栖车
CSIRO	Commonwealth Scientific and Industrial Research Organisation (Australia)	联邦科学及工业研究组织(澳大利亚)
CTD	Conductivity, Temperature and Depth	温盐深剖面仪
DAC	Data and Communications (subsystem of IOOS)	数据与通信(IOOS 子系统)

缩写	英文全称	中文
DART	Deep-Ocean Assessment and Reporting of Tsunamis	深海海啸评估与报告
DEOS	Dynamics of Earth and Ocean Systems	地球和海洋系统动力学
DESSC	Deep Submergence Science Committee (of UNOLS)	深潜科学委员会(UNOLS)
DMAS	Data Management and Archiving System (referring to NEPTUNE's system)	数据管理和存储系统(参照 NEPTUNE 系统)
DMS	Data Management System (for OOI)	数据管理系统(用于 OOI)
DODS	Distributed Oceanographic Data System	分布式海洋数据系统
EEZ	Exclusive Economic Zone	专属经济区
EIA	Environmental Impact Assessment	环境影响评估
EIS	Environmental Impact Statement	环境影响报告书
EM	Electro-Mechanical	电-机型
EOM	Electro-Optical-Mechanical	电-光-机型
EPO	Education and Public Outreach	教育和公众参与
ESTOC	European Station for Time-series in the Ocean Canary islands	加那利群岛时间序列欧洲站
FLIP	Floating Instrument Platform	浮动仪器平台
FOFC	Federal Oceanographic Facilities Committee	联邦海洋设施委员会
FRF	Field Research Facility (in Duck, North Carolina)	野外研究设施(位于北卡罗来纳州达克镇)
GEO	Global Eulerian Observatory	全球欧拉观测网
GLOBEC	Global Ocean Ecosystem Dynamics Programme	全球海洋生态系统动力学计划
GODAE	Global Ocean Data Assimilation Experiment	全球海洋数据同化实验
GOOS	Global Ocean Observing System	全球海洋观测系统
GPS	Global Positioning System	全球定位系统
GSN	Global Seismic Network	全球地震台网
H2O	Hawaii-2 Observatory	夏威夷 2 号观测网络
HOT	Hawaii Ocean Time-series program	夏威夷海时间序列计划
HOV	Human Occupied Vehicle	深海载人潜水器
HUGO	Hawaii Undersea Geo-Observatory	夏威夷海底地质观测网络
IDEA	Instrumentation Development for Environmental Activities	环境活动的仪器开发
IfMK	Institut für Meereskinde an der Universität Kiel	基尔大学的海底研究学院
IFREMER	Institut français de recherche pour l'exploitation de lamer	法国海洋开发研究院
IGBP	International Geosphere-Biosphere Programme	国际地圈-生物圈计划
IOC	International Ocean Commission	政府间海洋学委员会
ION	International Ocean Network	国际海洋网络

缩写	英文全称	中文
IOOS	Integrated and Sustained Ocean Observing System	综合及持续海洋观测系统
IRIS	Incorporated Research Institutes for Seismology	联合地震学研究机构
ISS	Integrated Study Site	综合研究站
ITAR	International Traffic in Arms Regulations	国际武器禁运条例
JAMSTEC	Japan Marine Science & Technology Center	日本海洋科学技术中心
JCOMM	Joint Commission for Oceanography and Marine Meteorology	海洋学和海洋气象学联合技术委员会
JGOFS	Joint Global Ocean Flux System	联合全球海洋通量系统
JPL	Jet Propulsion Laboratory	喷气推进实验室
KERFIX	Kerguelen Fixed Station（of the Kerguelen Islands Time – Series Measurement Programme）	凯尔盖朗固定站(凯尔盖朗群岛时间序列测量计划)
LDEO	Lamont Doherty Earth Observatory	拉蒙特·多尔蒂地球观测网络
LEO-15	Long-term Ecosystem Observatory（at 15 Meters Depth）	长期生态系统观测网络(15 m 水深)
MARS	Monterey Accelerated Research System	蒙特利加速研究系统
MBARI	Monterey Bay Aquarium Research Institute	蒙特利湾海洋研究所
MISR	Multi-angle Imaging Spectro Radiometer	多角度频谱成像仪
MMS	Minerals Management Service	矿产资源管理局
MONCOZE	Monitoring the Norwegian Coastal Zone Environment	挪威海岸带环境监测
MOOS	MBARI Ocean Observing System	MBARI 海洋观测系统
MOVE	Meridional Overturning Variability Experiment	经向翻转变异性实验
MREFC	Major Research Equipment and Facilities Construction	主要研究设备和设施建设
MTS	Marine Technology Society	海洋技术协会
MVCO	Martha's Vineyard Coastal Observatory	玛莎葡萄园岛海岸观测网络
NASA	National Aeronautics and Space Administration	美国国家航空航天局
NDBC	National Data Buoy Center	美国国家数据浮标中心
NDSF	National Deep Submergence Facility	美国国家深潜设备
NEPTUNE	NorthEast Pacific Time-series Undersea Networked Experiments（U. S.）	东北太平洋时间序列海底网络实验(美国)
NOAA	National Oceanic and Atmospheric Administration	美国国家海洋和大气管理局
NODC	National Oceanographic Data Center	美国国家海洋学数据中心
NOPP	National Oceanographic Partnership Program	美国国家海洋合作计划
NORLC	National Ocean Research Leadership Council	美国国家海洋研究领导委员会
NRC	National Research Council	美国国家研究委员会

缩写	英文全称	中文
NSF	National Science Foundation	美国国家科学基金会
NSES	National Science Education Standards	美国国家科学教育标准
NTAS	Northwest Tropical Atlantic Station	西北热带大西洋站
ODP	Ocean Drilling Program	大洋钻探计划
OHP	Ocean Hemisphere Project	海洋半球项目
ONR	Office of Naval Research	海军研究局
OOI	Ocean Observatories Initiative	海洋观测计划
OOPC	Ocean Observations Panel for Climate	海洋气候观测小组
OOSDP	Ocean Observation System Development Panel	海洋观测系统开发小组
OROPC	Ocean Research Observatories Program Center	海洋研究观测项目中心
OSN	Ocean Seismic Network	海洋地震台网
OWS	Ocean Weather Service（U. S.）	海洋气象局(美国)
OWS	Ocean Weather Ship Station M（In Norway）	海洋气象船舶站 M(挪威)
PAP	Porcupine Abyssal Plain	豪猪深海平原
PI	Principal Investigator	首席研究员
PIRATA	Pilot Research Moored Array in the Tropical Atlantic	热带大西洋系泊基阵试验研究
PO. DAAC	Physical Oceanography Distributed Active Archive Center	物理海洋学分布式活动档案中心
POGO	Partnership for Observation of the Global Ocean	全球海洋观测合作伙伴关系
QC	Quality Control（of data）	质量控制(数据)
REVEL	Research and Education：Volcanoes, Exploration, and Life （at UW）	研究与教育：火山、探索和生命(华盛顿大学)
RIDGE	Ridge Inter-Disciplinary Global Experiments	中脊跨学科全球实验
RIN	Remote Instrument Node	远程仪器节点
ROADNet	Real-time Observatories, Applications, and Data Management Network	实时观测、应用和数据管理网络
ROPOS	Remotely Operated Platform for Ocean Science	海洋科学远程操作平台
ROV	Remotely Operated Vehicle	遥控潜水器
RSM	Regional Sediment Management	区域沉积物管理
RSMAS	Rosenstiel School of Marine and Atmospheric Science	罗森斯蒂尔海洋和大气科学学院
SCOTS	Scientific Cabled Observatories for Time-series	时间序列科学有缆观测网
SDSC	San Diego Supercomputer Center	圣迭戈超级计算机中心
SEED	Standard for the Exchange of Earthquake Data	地震数据交换标准
SIIMs	Scientific Instrument Interface Modules	科学仪器接口模块
SOEST	School of Ocean and Earth Science and Technology（University of Hawaii）	海洋与地球科学技术学院(夏威夷大学)

缩写	英文全称	中文
SOLAS	Surface Ocean Lower Atmosphere Study	表层海洋低层大气研究
SOSUS	Sound Surveillance System	水声监测系统
SSBN	Fleet ballistic missile submarine	弹道导弹核潜艇
SWATH	Small Water-plane Area Twin Hull	小水线双体船
TAO	Tropical Atmosphere Ocean Project	热带大气海洋计划
TES	Tropospheric Emission Spectrometer	对流层发射光谱仪
TRITON	Triangle Trans-Ocean Buoy Network	三角跨洋浮标网
TSST	Time-series Science Team	时间序列科学小组
UNESCO	United Nations Educational, Scientific and Cultural Organization	联合国教科文组织
UNOLS	University-National Oceanographic Laboratory System	大学-国家海洋实验室系统
USACE	United States Army Corps of Engineers	美国陆军工程兵团
USGS	United States Geological Survey	美国地质调查局
US JGOFS	United States Joint Global Ocean Flux Study	美国联合全球海洋通量研究
VENUS	Victoria Experimental Network Under the Sea	维多利亚海底实验网
WHOI	Woods Hole Oceanographic Institution	伍兹霍尔海洋研究所
WMO	World Meteorological Organization	世界气象组织
WOCE	World Ocean Circulation Experiment	世界海洋环流实验

词 汇 表

Acoustics(声学)：一门研究声音的产生、控制、传播、接收和效果的科学。

ANZCAN：澳大利亚-新西兰-加拿大跨太平洋通信电缆。

Argo：全球剖面浮标计划(非缩写)。更多详情请见 http：//www. argo. ucsd. edu/。

Autonomous Underwater Vehicle (AUV)：自治式潜水器，一种不需要绳索、电缆或遥控就能工作的航行器，在海洋学、环境监测和水下资源研究中有着广泛的应用。

Bandwidth(带宽)：电子通信系统的数据传输能力。

C-Band(C 波段)：10 个卫星通信频率范围之一。其上行链路的频率范围为 5.9~6.4 GHz，下行链路的频率范围为 3.7~4.2 GHz。C 波段主要用于国内和商业卫星通信系统。

Calibrate(校准)：使测量仪器标准化，通过测定与标准的偏差来确定正确的校正参数。

Climate Variability and Predictability Programme（CLIVAR）：气候变率及可预测性计划，一个国际研究项目，解决自然气候变化和人为气候变化的问题。

Commercial Off-The-Shelf(COTS)：商用现货，"按原样"使用的产品。商用现货产品设计成易于安装并与现有系统组件相契合。普通计算机用户购买的几乎所有软件都属于 COTS 范畴，操作系统、办公产品套件、文字处理和电子邮件程序都是众多例子之一。

Consortium for Oceanographic Research and Education（CORE）：海洋学研究与教育联盟，一个总部设在华盛顿特区的非营利性组织，代表了美国 73 个学术机构、水族馆、非营利研究机构和联邦研究实验室，其共同目标是促进和提高海洋研究和教育的可视性和有效性。更多详情请见 http：//www. nopp. org/Dev2Go. web? Anchor=idune&rnd=8075。

Conductivity，Temperature and Depth(CTD)：温盐深剖面仪，一种采用模块化传感器技术的物理测量系统，允许对电导率、温度和压力传感器进行同步采样。

Data pull(数据提取)：客户端通过请求从数据源获取数据。

Data push(数据推送)：数据源将数据发送给客户端。

Delivery medium(传输介质)：根据用户需要，传送数据使用不同的介质(如互联网联机、CD-ROM、DVD、磁带)。

Discus Buoy(饼状浮标)：一种带有圆形饼状壳体的浮标。

Earthscope(地球探测)：一项应用现代观测、分析和通信技术来研究地球结构和演化以及控制地震和火山爆发的物理过程的工作。

Eulerian(欧拉)：在此文中，意指物体是固定的而不是自由浮动的。

Geodetic(测地学)：关于应用数学的一个分支，涉及确定地球的大小和形状，以及地球表面上点的精确位置，以及描述地球重力场的变化。

Geomagnetism：地磁学。

Geophysics(地球物理学)：地球科学的一个分支，研究地球及其附近发生的物理过程和现象。

GeO-TOC：正式名称为 TPC-1，是美国和日本在太平洋的第一条跨洋通信电缆(现已退役)。

Gimbal(万向节)：允许物体自由地向任何方向倾斜或悬吊以使其在倾斜时保持水平

的装置。

Glider(滑翔机)：有机翼和压载舱的 AUV，但无螺旋桨或发动机，它们在水中停留的时间更长，因为它们不受携带电池电量的限制。

Global Ocean Data Assimilation Experiment(**GODAE**)：全球海洋数据同化实验，该实验旨在建立一个全面、综合的观测系统，并在若干年内保持不变，并将数据近实时同化到最先进的全球海洋环流模式中。更多详情请见 http：//www. bom. gov. au/bmrc/ocean/GODAE。

Global Ocean Ecosystem Dynamics Programme(**GLOBEC**)：全球海洋生态系统动力学计划，国际地圈-生物圈计划(IGBP)的 9 个核心项目之一。GLOBEC 的目标是促进对全球海洋生态系统和其主要子系统的结构和功能及其对物理强迫的响应的了解。

Global Ocean Observing System(**GOOS**)：全球海洋观测系统，为海洋和沿海地区实施业务观测计划的系统。其由联合国教科文组织政府间海洋学委员会(海委会)、国际科学理事会(科学理事会)、联合国环境规划署(环境署)和世界气象组织(气象组织)赞助，其办事处设于巴黎的海洋学委员会。更多详情请见 http：//ioc. unesco. org/igospartners/g3os. htm# Global%20Ocean%20 Observing。

Hydrophone(水听器)：一种用来监听在水中传播的声音的仪器。

International Ocean Network(**ION**)：国际海洋网络委员会，1993 年 6 月成立，其目的是促进海底观测网络的国际合作。

Interface(接驳口)：独立的、通常不相关的系统相连并相互作用或通信的地方。

The JASON Project：一个多学科的实时教育项目，由罗伯特·巴拉德于 1989 年发起，由 JASON 教育基金会管理，通过多媒体工具(与研究人员在线交流、在线期刊、数字实验室、科学考察的现场直播等)来教育学生，提升课堂体验。

Jason Ⅱ：2002 年由伍兹霍尔海洋研究所设计和操作的遥控潜水器。Jason Ⅱ 的作业水深可达 6 500 m，可安装、维护、维修和回收各种海洋观测设备，并可执行自己的详细调查和采样任务(见图 5.3)。

Java™：由 SUN 开发的一种编程语言，用于在独立于硬件的环境中运行代码。更多详情请见 http：// java. sun. com/。

JAXR(**The Java API for XML Registries**)：使 Java 软件程序员能够使用一组应用程序接口(API)访问各种 XML 的注册中心。在此文中，XML 注册表是用于构建、部署和发现 Web 服务的支持基础架构。有关其他信息，请参见本术语表中的 XML。

Joint Global Ocean Flux Study（JGOFS）：联合全球海洋通量研究，这是一个国际性的多学科项目，旨在评估并更好地理解控制区域到全球、季节到年际大气、表层海洋和海洋内部碳通量的过程，以及它们对气候变化的敏感性。

Lagrangian（拉格朗日）：在此文中，意指浮标或仪器不固定在一个地方。

Level 0：直接从仪器中收集的原始数据流。

Level 1：用校正因子校正仪器误差后的原始数据。

Level 2：原始数据转换为地球物理单位，对测量进行质量控制检查。换句话说，使用元数据格式化数据。

Level 3：将统计方法应用于作为输入的一个或多个测量数据（级别 2）而产生的派生或计算数据产品。

Level 4：在合并第 2 级和/或第 3 级不同类型数据的基础上进行进一步处理。

MARGINS：一个旨在了解大陆边缘演化过程复杂相互作用的项目。

Monterey Accelerated Research System（MARS）：蒙特利加速研究系统，最近由美国国家科学基金会资助的位于蒙特利湾的有缆观测网络。它提供了一个高功率、高带宽、区域有缆观测网络的试验平台。更多详情请见 http：//www. mbari. org/mars。

Mooring（系泊设施）：一种装置（如线或链），通过它把一个物体固定在适当的位置。

National Oceanographic Partnership Program（NOPP）：美国国家海洋合作计划，1997 年通过第 104-201 号公法建立，旨在通过在联邦机构、学术界、工业界和海洋学界的其他成员之间建立伙伴关系，促进对海洋的认知，协调和加强海洋学的工作。该计划由美国海军、美国国家科学基金会、美国国家海洋和大气管理局、美国国家航空航天局和 Alfred Sloan 基金会赞助。更多详情请见 http：//www. nopp. org。

Ocean Drilling Program（ODP）：大洋钻探计划，一个由科学家和研究机构组成的国际伙伴关系项目，旨在探索地球的演化和结构。更多详情请见 http：//www. oceandrilling. org。

Ocean Observing System Development Panel（OOSDP）：海洋观测系统开发小组，成立于 1990 年，旨在制定一个长期的、系统的观测系统的概念，以监测、描述和了解决定海洋环流的物理和生物地球化学过程，以及海洋对季节性到十年期时间尺度气候变化的影响，并为气候预测提供所需的观测结果。

Ocean Observations Panel for Climate(OOPC)：海洋气候观测小组，1995 年成立的一个专门小组，旨在为建立海洋气候观测系统奠定科学基础。更多详情请见 http：//ioc. unesco. org/oopc/about. html。

Ocean Seismic Network(OSN)：海洋地震台网，负责协调在深海海底建立一个永久性全球地震观测网络工作的联合组织。

Partnership for Observation of the Global Ocean(POGO)：全球海洋观测合作伙伴关系，一个旨在把主要海洋研究机构集中在一个统一领导下的组织。

Pilot Research Moored Array in the Tropical Atlantic(PIRATA)：热带大西洋系泊基阵试验研究，计划在 1997—2000 年部署及维持 12 个浮标，主要目的是描述及了解热带大西洋海面温度、上层海洋热结构及海气动量、热量及淡水通量的演变。更多详情请见 http：//www. ifremer. fr/or stom/pirata/pirataus. html。

Pioneer Array(先锋阵列)：拟议的一种可重新部署的沿岸观测系统。

Remotely Operated Vehicle(ROV)：遥控潜水器，从水面平台操作并系留在水上平台的水下航行器。

Ridge 2000：一项跨学科的倡议，对洋脊扩张进行整体性研究。它是 RIDGE 项目的后续项目。Ridge 2000 不是一个缩略语。Ridge 2000 由美国国家科学基金会赞助。更多详情请见 http：//ridge2000. bio. psu. edu。

Spar Buoy(杆状浮标)：有长而直的杆的浮标。

Telemetry(遥测技术)：一种高度自动化的通信过程，通过它可在远程或不可接近的点进行测量和收集其他数据，并将记录传输到接收设备进行监视、显示和记录。

TPC-1：第一条美国-日本太平洋跨洋电信电缆(现已退役)。亦可参阅 GeO-TOC。

University-National Oceanographic Laboratory System (UNOLS)：大学-国家海洋实验室系统，一个由 63 个从事海洋研究的学术机构和国家实验室组成的组织，其目的是协调海洋研究船的时间表和研究设施。更多详情请见 http://www. unols. org/unols. html。

VSAT(Very Small Aperture Terminals)：微小孔径终端，是一种小型、软件驱动的地球接收站(通常为 0. 9~2. 4 m，或 3~8 ft，不过也有较大的设备)，用于通过卫星可靠地传输数据、视频或语音。

XML(Extensible Markup Language)：Web 数据的通用格式。XML 允许开发人员以

标准、一致的方式轻松地描述和交付来自任何应用程序的丰富的、结构化的数据。XML 不能替代 HTML，相反，它是一种补充格式。

World Ocean Circulation Experiment（WOCE）：世界大洋环流实验，旨在改进预测十年气候变化和变化所必需的海洋模型的方案。

附录 C　观测网络工作组和工作组报告

研讨会和结果报告

近岸研究研讨会

近岸研究研讨会由美国国家科学基金会、美国国家海洋和大气管理局、美国海军研究局、美国陆军工程兵团和美国地质调查局赞助。该研讨会于 1998 年 9 月 14—16 日在佛罗里达州的圣彼得堡举行，邀请了 68 名科学家和工程师一起评估近岸科学的现状，并确定研究策略、重要的科学问题以及解决这些问题所需的基础设施。

Thornton, E., T. Dalrymple, T. Drake, E. Gallagher, R. Guza, A. Hay, R. Holman, J. Kaihatu, T. Lippmann, and T. Ozkan – Haller. 2000. *State of Nearshore Processes Research*: *II*. NPS–OC–00–001. Naval Postgraduate School, Monterey, CA.［Online］Available：http：//www. coastal. udel. edu/coastal/nearshorereport/nrwreport/html［July 12, 2003］.

海洋气候观测小组和气候变率及可预测性计划国际海洋气候观测会议

1999 年 10 月 18—22 日，海洋生物学 1999 年大会在法国圣拉斐尔举行。与会者讨论了建立海洋和气候观测系统的国际战略。

Koblinsky, C. J., and N. R. Smith, eds. 2001. *Observing the Oceans in the 21st Century*. GODAE Project Office, Bureau of Meteorology, Melbourne, Australia, 604 pp.

大学–国家海洋实验室系统工作组：在未来十年发展深潜科技

发展未来十年的深潜科技研讨会于 1999 年 10 月 25—27 日在弗吉尼亚州阿灵顿的美国国家科学基金会举行。研讨会为 119 名科学家、工程师和联邦机构代表提供了一个讨论深潜科学和技术的机会。

Fryer, P., K. Becker, J. Bellingham, C. Cary, L. Levin, M. Lilley. 1999. *DESCEND Meeting Workshop Proceedings*.［Online］Available：http：//www. mlml. calstate. edu/unols/dessc/descend/descend. html［July 12, 2003］.

全国海洋观测网研究委员会专题讨论会

2000 年 1 月 9—12 日，美国国家研究委员会海洋观测委员会在佛罗里达州伊斯拉莫拉达举行了专题讨论会。来自地球和海洋科学、工程和行星探测各领域的约 70 名与会者就与建立海底观测网络有关的科学和技术需求提供了意见。

National Research Council. 2000. Illuminating the Hidden Planet：The Future of Seafloor Observatory Science. National Academies Press，Washington，DC.［Online］Available：http：//www. nap. edu/catalog/ 9920. html［July 12，2003］.

综合及持续海洋观测系统工作组

综合及持续海洋观测系统工作组研讨会于 2002 年 3 月 10—14 日在弗吉尼亚州沃伦顿的艾尔利中心举行。超过 100 名与会者密集召开了一系列小组会议（从周日晚上到周五中午），并完成了一个分阶段和优先级的实施计划。下面的文件反映了这个研讨会的各次会议。

Ocean. US. 2002a. *An Integrated and Sustained Ocean Observing System（IOOS）for the United States：Design and Implementation.* Ocean. US，Arlington，VA，21pp.［Online］Available：http：//www. Ocean. US/documents/docs/FINAL－ImpPlan－NOR-LC. pdf［July 12，2003］.

Ocean. US. 2002b. *Building Consensus：Toward an Integrated and Sustained Ocean Observing System.* Ocean. US Workshop Proceedings. Ocean. US，Arlington，VA，175pp.［Online］Available：http：//www. Ocean. US/documents/docs/Core_lores. pdf［July 12，2003］.

海军研究办公室/海洋技术学会浮标研讨会 2002

2002 年浮标研讨会于 2002 年 4 月 9—11 日在华盛顿西雅图举行。该会议得到了美国海军研究办公室海洋工程和海洋系统组以及马里兰州哥伦比亚市海洋技术协会的支持。更多信息详见 http：//www. whoi. edu/buoyworkshop/2002/program_final. html［July 12，2003］。

时间序列科学有缆观测网研讨会

时间序列科学有缆观测网研讨会由美国国家科学基金会主办，于 2002 年 8 月 26—28 日在弗吉尼亚州诺福克举行。该研讨会旨在了解业界意见，以确定需要或通过区域有缆观测网络有效解决的科学问题。此外，该研讨会还要求参会者根据当前和新兴的技术能力分析科学问题的影响和可行性，确定有缆观测网络的最佳位置，并制订有缆观测网络建设的阶段性实施计划。

Dickey, T., and S. Glenn. 2003. *Scientific Cabled Observatories for Time - series (SCOTS) Report*. Draft. National Science Foundation, Arlington, VA, 92 pp.

近海海洋过程和观测网络：推进沿海研究

近海观测网络的科学研讨会于 2002 年 5 月 7—9 日在佐治亚州萨凡纳举行，来自 20 个州、华盛顿特区以及加拿大和英国的 64 位科学家参加了此次研讨会。共有 35 所大学、政府机构和其他机构派代表出席了会议。报告的纸质版可向近海海洋过程计划办公室索取，或通过互联网下载（见下文）。

Jahnke, R., L. Atkinson, J. Barth, F. Chavez, K. Daly, J. Edson, P. Franks, J. O'Donnell, and O. Schofeld. 2002. *Advancing Coastal Research*. Skidaway Institute of Oceanography Technical Report TR-02-01. Skidaway Institute of Oceanography, Savannah, GA. [Online] Available：http：// starbuck. skio. peachnet. edu/coop [July 12, 2003].

海洋观测网科学报告/文件精选

Bleck, R., A. Bennett, P. Cornillon, D. Haidvogel, E. Harrison, C. Lascara, D. McGillicuddy, T. Powell, E. Skyllingstad, D. Stammer, and A. J. Wallcraft (The OITI Steering Committee). 2002. *An Information Technology Infrastructure Plan to Advance Ocean Sciences*. Office of Naval Research, and the National Science Foundation, Arlington, VA. [Online] Available：http：//www. geo - prose. com/projects/pdfs/oiti_plan_lo. pdf [July 12, 2003].

Brink, K. H., J. M. Bane, T. M. Church, C. W. Fairall, G. L. Geernaert, D. S. Gorsline, R. T. Guza, D. E. Hammond, G. A. Knauer, C. S. Martens, J. D. Milliman, C. A. Nittrouer, C. H. Peterson, D. P. Rogers, M. R. Romand, and J. A. Yoder. 1990. *Coastal Ocean Processes (CoOP)：Results of an Interdisciplinary Workshop*. Contribution No. 7584. Woods Hole Oceanographic Institution, Woods Hole, MA, 51pp.

Brink, K. H., J. M. Bane, T. M. Church, C. W. Fairall, G. L. Geernaert, D. E. Hammond, S. M. Henrichs, C. S. Martens, C. A. Nittrouer, D. P. Rogers, M. R. Roman, J. D.

Roughgarden, R. L. Smith, L. D. Wright, and J. A. Yoder. 1992. *Coastal Ocean Processes: A Science Prospectus*. Technical Report WHOI-92-18. Woods Hole Oceanographic Institution, Woods Hole, MA, 88pp.

Clark, H. L. 2001. *New Seafloor Observatory Networks in Support of Ocean Science Research*. National Science Foundation, Arlington, VA, 6pp. [Online] Available: http://www. coreocean. org/Dev2Go. web? id=232087&rnd=5565[July 12, 2003].

Consortium for Oceanographic Research and Education (CORE). *A National Initiative to Observe the Oceans: A CORE Perspective*. Consortium for Oceanographic Research and Education, Washington, DC. [Online] Available: http://www. coreocean. org/resources/nopp/initiative. pdf [July 12, 2003].

DEOS Moored Buoy Observatory Working Group. 2000. *DEOS Moored Buoy Observatory Design Study*. Woods Hole Oceanographic Institution, Woods Hole, MA. [Online] Available at: http://obslab. whoi. edu/buoy. html [March 26, 2003].

Dickey, T., and S. Glenn. 2003. *Scientific Cabled Observatories for Time Series (SCOTS) Report*. Draft. National Science Foundation, Arlington, VA, 92pp.

Frosch, R., and the Ocean Observations Task Team. 2000. *An Integrated Ocean Observing System: A Strategy for Implementing the First Steps of a U. S. Plan*. National Oceanographic Partnership Program, Washington, DC. [Online] Available: http://www. nopp. org/Dev2Go. web? id=220672&rnd=20328.

Henrichs, S., N. Bond, R. Garvine, G. Kineke, and S. Lohrenz. 2000. Coastal Ocean Processes: Transport and Transformation Processes over Continental Shelves with Substantial Freshwater Inflows. Coastal Ocean Processes (CoOP) Report No. 7. University of Maryland Technical Report UMCES TS-237-00. University of Maryland Center for Environmental Science, Cambridge, 131pp.

Klump, J. V. K. W. Bedford, M. A. Donelan, B. J. Eadie, G. L. Fahnenstiel, and M. R. Roman. 1995. Coastal Ocean Processes: Cross-Margin Transport in the Great Lakes. *Coastal Ocean Processes (CoOP) Report No.* 5. UMCES TS-148-95. University of Maryland Center for Environmental Science, College Park, MD, 133pp.

NEPTUNE Phase 1 Partners (University of Washington, Woods Hole Oceanographic Institution, Jet Propulsion Laboratory, Pacific Marine Environmental Laboratory). 2000. *Real-time, Long-term Ocean and Earth Studies at the Scale of a Tectonic Plate*. NEPTUNE

Feasibility Study prepared for the National Oceanographic Partnership Program. University of Washington, Seattle. [Online] Available: http: //www. neptune. washington. edu/pub/documents/documents. html#Anchor-NEPTUNE-33869[March 26, 2003].

Smith, R. L., and K. H. Brink. 1994. *Coastal Ocean Processes: Wind - Driven Transport Processes on the U. S. West Coast.* Coastal Ocean Processes (CoOP) Report No. 4. Woods Hole Oceanographic Institution Technical Report WHOI - 94 - 20. Woods Hole Oceanographic Institution, Woods Hole, MA, 134pp.

The Marine Research and Related Environmental Research and Development Programs Authorization Act of 1999. H. R. 1552.

The Oceans Act of 2000. Public Law 106-256, 2000. S. 2327.

University of Maryland Center for Environmental Science. 1998. *Coastal Ocean Processes: Wind - Driven Transport Science Plan. Coastal Ocean Processes. CoOP Report* No. 6. UMCES TS - 170 - 98. University of Maryland Center for Environmental Science, Cambridge, 18pp.

Vincent, C. L., T. C. Royer, and K. H. Brink. 1993. *Long Time-series Measurements in the Coastal Ocean: A Workshop.* Coastal Ocean Processes (CoOP) Report No. 3. Woods Hole Oceanographic Institution Technical Report WHOI - 94 - 20. Woods Hole Oceanographic Institution, Woods Hole, MA, 96pp.

附录 D　本报告中引述的海洋观测项目

全球剖面浮标计划

全球剖面浮标计划是一个全球海洋数据同化实验和气候变率和可预测性计划的联合项目，它是由 3 000 个自由漂浮的剖面浮标组成的全球阵列，主要用于实时测量 2 000 m 水深以上海洋区域的温度和盐度。该系统目前在水中有 700 个活跃的漂浮物。到 2005 年年底有望完成 3 000 个浮标阵列。其第一批科学成果于 2003 年公布。有关其他资料请参阅 http：//www. argo. ucsd. edu/。

百慕大大西洋时间序列站

百慕大大西洋时间序列站于 1988 年建立，它作为美国全球海洋联合通量计划项目的一部分，在原来的 1977 年沉积物捕集器系泊点（百慕大东南约 80 km）附近进行多学科船基取样。百慕大大西洋时间序列站的目标是在季节和十年期的时间尺度上描述、量化和了解控制海洋生物地球化学的过程，特别是碳的过程。有关其他资料请参阅 http：//www. bbsr. edu/cintoo/bats/bats. html。

百慕大试验系泊设施

1994 年 6 月，由美国国家科学基金会资助的百慕大试验系泊设施投入使用，为海洋科学界提供了一个深水平台，用于开发、测试、校准和相互比较仪器。该系泊设施位于百慕大东南约 80 km 处。目前正在使用仪器从浮标塔收集气象和光谱辐射测量数据。其水下测量要素包括海流、温度、电导率、光学性质、硝酸盐和微量元素浓度。

夏威夷 2 号观测网络

夏威夷 2 号观测网络于 1998 年安装在美国电话电报公司（AT&T）一根退役的海底电话电缆（夏威夷 2 号观测网络的通信电缆）上，该电缆连接瓦胡岛、夏威夷和加利福尼亚海岸。该设施由海底接线盒和科学传感器组成，位于夏威夷和加利福尼亚之间深度约 5 000 m 的深水中。该网络通过遥控潜水器将仪器连接到接线盒上，仪器包括地震仪、检波器、水听器和压力传感器。它是全球地震台网的第一个海底站。

夏威夷海底地质观测网络

夏威夷海底地质观测网络于 1997 年 7 月安装在夏威夷东南约 30 km 的罗希火山 (Duennebier，2002)。该观测网络一直运作到 1998 年 4 月 30 日，然后连接海岸的 47 km 电缆线在崎岖的火山地带出现了短路。夏威夷海底地质观测网络是一个使用短光缆（无中继）的近海观测网络的范例。有关其他资料请参阅 http：//www. soest. hawaii. edu/HUGO/hugo. html。

长期生态系统观测网络

长期生态系统观测网络建立于 1996 年，深度为 15 m，在新泽西州中部海岸外的罗格斯海上现场站(Rutgers Marine Field Station)的 5 km 外海处安装了一根光电复合缆。电缆向其底部的机械绞盘轮廓仪提供电力和双向通信。长期生态系统观测网络被设计成一个集成系统，它将数据同化到预测模型中，用于调整现场设备的采样模式。长期生态系统观测网络的具体组件包括气象、电缆、遥感和自治式潜水器。有关其他资料请参阅 http：//marine. rutgers. edu/mrs/LEO/LEO15. html。

玛莎葡萄园岛海岸观测网络

玛莎葡萄园岛海岸观测网络建于 2000 年，安装在马萨诸塞州埃德加敦的南部海滩附近。该网络包括一个小型海岸实验室，一个 10 m 高的气象桅杆和一个安装在 12 m 水深的光电复合缆水下节点。气象和海底仪器通过水下电缆直接连接到岸上实验室。气象桅杆上的核心仪器将测量风速和风向、温度、湿度、降水、二氧化碳、太阳和红外辐射，以及动量、热量和海气通量。海洋节点的核心海洋传感器则测量海流剖面、海浪和温度、盐度、浊度、荧光、二氧化碳以及近海底波轨道和低频海流。

挪威海岸带环境监测网络

由挪威研究委员会和石油工业资助的"挪威海岸带环境监测"是 2002 年在挪威海建造的一个全架构式观测网络。该网络由海岸表层网和雷达网络、海洋水色和合成孔径遥感卫星组成。该观测网络的目的是开发和运行挪威沿海水域的环境监测和预测系统，重点研究与挪威沿岸流及其边界有关的主要物理和耦合物理-生物化学相互作用过程。

蒙特利加速研究系统

蒙特利加速研究系统的安装得到美国国家科学基金会和戴维·帕卡德与露西

尔·帕卡德基金会的资助。它被设计为一个测试平台，用以试验未来的区域尺度的有缆观测网。电缆将延伸到深度超过 1.2 km、远离海岸 60 多千米的仪器节点，延长线可以通过遥控潜水器从电缆节点延伸到几千米以外的地方，以提高仪器选址的灵活性。

东北太平洋时间序列海底网络实验

东北太平洋时间序列海底网络实验（NEPTUNE）项目拟使用光纤电缆连接东北太平洋胡安·德·夫卡板块上的 30 个仪器节点。其与节点连接的仪器将实时提供物理、化学、地质和生物数据。有关 NEPTUNE 项目的详情请浏览 http：//www. neptune. washington. edu/。

美国海洋气象局站

美国海洋气象局站是"二战"后建立的，主要用于指引跨洋飞行的飞机。美国和其他四个国家在北大西洋和太平洋建立了 13 个站点（按字母顺序以"A"开头），这些站点的任务一直由船舶担负。20 世纪 70 年代，卫星开始为喷气式飞机提供其所需的定位和天气信息。该项目于 1981 年结束。

热带大西洋系泊阵列试验研究

热带大西洋系泊阵列试验研究计划在 1997 年至 2000 年期间部署和维持了 12 个浮标，其主要目标是描述和了解热带大西洋海面温度、上层海洋热结构和大气-海洋动量、热量和淡水通量的演变。有关其他资料请参阅 http：//www. ifremer. fr/orstom/pirata/pirataus. html。

水声监测系统

美国海军在 20 世纪 50 年代中期开始安装水声监测系统用于反潜战监测。水声监测系统是美国海军综合海底监视系统（IUSS）的固定组件，在"冷战"期间用于深海监视。该系统由通过海底通信电缆连接到岸上设施的海底水听器阵列组成。独立的阵列主要安装在大陆斜坡和海山的位置，通过优化阵列位置确保长距离的声波传输不失真。有关其他资料请参阅 http：//www. pmel. noaa. gov/vents/acoustics/sosus. html。

热带大气海洋阵列项目

热带大气海洋阵列项目由热带太平洋约 70 个系泊点组成，通过全球剖面浮标计划卫星系统向海岸实时传送海洋和气象数据。该阵列是厄尔尼诺/南方涛动观测系统、全球气候观测系统和全球海洋观测系统的组成部分。其主要由美国国家海洋和大气管理局与日本科学技术中心提供支持，同时，法国海洋开发研究院也为其提供了帮助。其他有关资料请参阅 http：//www. pmel. noaa. gov/tao。

美国陆军工程兵团现场研究设施

美国陆军工程兵团现场研究设施（RFR）位于临近大西洋的、北卡罗来纳州沿岸的达克镇。RFR 由美国陆军工程兵团于 1977 年建立，用于近岸（前滨到标称 10 m 水深）的实地观测和海岸研究与工程实验。RFR 执行了一个长期（25 年）的监测计划，监测近岸波、潮汐、洋流、当地气象，以及与之相关的海滩水深响应变化。有关其他资料请参阅 http：//www. frf. usace. army. mil。

维多利亚海底实验网

维多利亚海底实验网是一个拟议的项目，其仪器网络位于加拿大维多利亚和温哥华附近从帕特湾进入萨尼奇湾 4 km 处。其有三条拟议的电缆线路，所涉区域包括格鲁吉亚海峡、萨尼奇湾和胡安·德·夫卡海峡。维多利亚海底实验网与拟议中的东北太平洋时间序列海底网络实验观测网关系密切。有关其他资料请参阅 http：//www. venus. uvic. ca。

附录 E   时间序列组全球观测站

大西洋站点

OB	FL	TR	纬度/经度	状态	备注
x			75°N 3.5°W	运营中(AWI)	格陵兰海，物理
x	x		66°N 2°E	运营中(挪威)	海洋气象船站 M(OWS"Mike")，挪威海，物理，气象，生物地球化学
x			60°N 36°W	资助(欧盟)	伊尔明厄海中部(CIS)，物理，生物地球化学
x			57°N 53°W	运营中(BIO, IfMK)	布拉沃，拉布拉多海，物理，二氧化碳
x	x		49°N 16.5°W	资助(欧盟)	豪猪深海平原(PAP)，气象学，物理学，生物地球化学
x	x		40°N 70°W	部分资助(WHOI)	W 站，气象，物理
	x		36°N 70°W	推荐	墨西哥湾流延伸通量基准
x	x		30°N 42°W	已规划(DEOS)	北大西洋 DEOS，地球物理，气象，物理，生物地球化学
x			33°N 22°W	运营中(IfMK)	K276，亚速尔锋/马德拉深海平原，物理/生物地球化学
x	x		32°N 65°W	运营中(美国)	BATS/S 站/BTM，物理，气象，生物地球化学
x			29°N 16°W	已获资助且部分已运行(欧盟)	加那利群岛时间序列欧洲站(ESTOC)，物理，气象，生物地球化学
x			27°N 77°W	已规划(RSMAS)	阿巴科岛，物理
x			16°N 60°W	运营中(IfMK)	CLIVAR/MOVE 西部站点，物理
x	x		15°N 51°W	运营中(WHOI, IfMK)	NTAS & MOVE 东部站点，气象，物理
x			0°N 20°W	推荐	PIRATA 系泊设施上的生物地球化学传感器
	x		10°S 10°W	推荐	PIRATA 系泊系统的通量参照
x			31°S 39°W	已计划(WHOI, IfMK)	VEMA 水道，物理
x	x		35°S 15°W	推荐(DEOS)	南大西洋 DEOS，地球物理，气象，物理，生物地球化学
x			40°S 53°W	推荐(巴西/阿根廷)	马尔维纳斯汇流区，物理
		x	78.5°N 9°E—5°W	运营中(挪威，德国)	弗拉姆海峡，物理，冰
		x	8°—66°N 29°—24°W	运营中(冰岛，IfMK)	丹麦海峡溢流

续表

OB	FL	TR	纬度/经度	状态	备注
		x	64°—59°N 3°—9°W	运营中（挪威、法罗、苏格兰）	冰岛-苏格兰溢流，3 段，物理
		x	53°N 50°—53°W	运营中（IfMK）	拉布拉多海的出口
		x	44°—41°N 45°—49°W	运营中（BIO，IfMK）	大浅滩边界流
		x	36°N 5.5°W	已规划（欧盟）	直布罗陀洋流
		x	27°N 77°—81°W	运营中（RSMAS）	佛罗里达海峡洋流
		x	16°N 50°—60°W	运营中（IfMK）	CLIVAR/MOVE 深海洋流
		x	9°—13°S 33°—36°W	运营中（IfMK）	CLIVAR 上层洋流

太平洋站点

OB	FL	TR	纬度/经度	状态	备注
x	x		50°N 145°W	推荐	站点 P（"PAPA"），气象学，物理、生物地球化学
x			50°N 165°E	已规划（JAMSTEC）	西北太平洋，生物地球化学，物理
x			44°N 155°E	已规划（JAMSTEC）	西北太平洋亚极地区域共同时间序列站，生物地球化学，物理
	x		40°N 150°E	推荐	黑潮延伸流，气象
x			32°N 120°W	运营中（MBARI）	MBARI 深水系泊，生物地球化学
x	x		23°N 158°W	运营中（SOEST）	夏威夷海时间序列计划站，气象，物理，生物地球化学
x			20°N 115°E	已规划（中国台湾）	南海
	x		2°N 156°E	推荐	现行 TAO/TRITON 系泊设施的暖池通量参考
x	x		0°N 165°E	推荐	现行 TAO/TRITON 系泊设施上的通量和生物地球化学传感器
x	x		0°N 145°W	运营中（MBARI）	现行 TAO/TRITON 系泊设施上的通量和生物地球化学传感器
	x		0°N 170°W	推荐	现行 TAO/TRITON 系泊设施上的通量基准
	x		0°N 110°W	推荐	现行 TAO/TRITON 系泊设施上的通量基准
x	x		20°S 85°W	运营中（WHOI）	秘鲁外海的层积云，气象学；物理
x			30°S 73°W	运营中（智利）	智利深海，物理

OB	FL	TR	纬度/经度	状态	备注
x			33°S　74°W	已规划(智利)	距离智利200海里，物理
x	x		40°S　115°W	已规划(DEOS)	南太平洋 DEOS，地球物理，气象，物理，生物地球化学
x	x		35°S　150°W	已规划(DEOS)	南太平洋 DEOS，地球物理，气象，物理，生物地球化学

印度洋站点

OB	FL	TR	纬度/经度	状态	备注
x	x		15°N　65°E	推荐	阿拉伯海，气象；物理，生物地球化学
x	x		12°N　88°E	推荐	孟加拉湾，气象；物理，生物地球化学
x	x		0°N　90°E	已规划(JAMSTEC)	TRITON 北，气象；物理
x			0°N　50°E	推荐	印度洋季风阵列，物理，气象
x			0°N　65°E	推荐	印度洋季风阵列，物理，气象
x			0°N　80°E	推荐	印度洋季风阵列，物理，气象
x	x		5°S　95°E	已规划(JAMSTEC)	TRITON 南部，气象；物理
x			9.5°S　113°E	运营中(印度尼西亚，德国)	印度尼西亚南部，生物地球化学
x	x		25°S　97°E	已规划(DEOS)	印度洋 DEOS，地球物理，物理，气象，生物地球化学
x	x		47.7°S　60°E	推荐	KERFIX(Kerguelen 固定站)后续项目，物理，气象，生物地球化学
		x	3°N—12°S 116°—125°E	计划(LDEO，SIO)	印度尼西亚表层流，仅几个地点，物理

南大洋站点

OB	FL	TR	纬度/经度	状态	备注
	x		42°S　9°E	推荐	开普敦西南，气象
x			55°S　0°E	运营中(AWI、挪威)	威德尔海，物理，几个系泊站点
x			63°S　42.5°W	运营中(LDEO)	威德尔海，海底水域，物理，几个系泊站点
x			66°S　0°W	运营中(AWI，挪威)	Maud 上升流/威德尔海，物理，几个系泊站点
x			73.5°S　35°W	资助(挪威/英国)	南威德尔海，ISW 溢流；物理，2 个系泊站点

续表

OB	FL	TR	纬度/经度	状态	备注
x	x		55°S 90°W	推荐	南极中层水（AAIW）形成区，气象，物理，CO_2
x	x		47°S 142°E	已规划（CSIRO）	塔斯马尼亚南部，气象，物理，生物地球化学
x			43.5°S 178.5°E	运营中（新西兰）	新西兰近海，物理，生物地球化学，CO_2，2 个系泊站点
		x	56°—62°S 70°—63°W	已规划（英国和 WHOI）	德雷克海峡输运

出处：修改自由气候变率和可预测性计划和全球海洋观测系统的国际时间序列科学团队开发的站点列表；地球和海洋系统动力学全球网络实施计划（2003）；援引伍兹霍尔海洋研究所的罗伯特·韦勒和德国基尔海洋学研究所的乌韦·森德的数据［个人交流，2003 年（韦勒和森德是国际时间序列科学团队的联合主席）］。一个国际时间系列的科学团队白皮书目前正在撰写这一主题，其信息可在网上找到：http：//ocean-partners. org/TSsite/index. htm。

注：OB 为观测网络；FL 为海气通量基准站点；TR 为运输地点；参见附录 B 以获得其余的缩略词信息。

致　谢

首先要感谢项目发起人美国国家科学基金会的贡献和支持。

其次感谢在美国国家研究委员会第一次会议上发言的受邀发言者们，他们的发言大大加强了这份报告的权威性：拉里·阿特金森，弗吉尼亚诺福克欧道明大学和华盛顿特区美国海洋研究所；彼得·科尼隆，纳拉甘塞特罗得岛大学；约翰·德莱尼，西雅图华盛顿大学；斯科特格伦，新泽西州新不伦瑞克罗格斯大学；亚历山德拉·伊桑，弗吉尼亚州阿灵顿国家科学基金会；理查德·扬克，佐治亚州萨凡纳斯基达韦海洋研究所；约翰·奥卡特，加利福尼亚拉霍亚斯克里普斯海洋研究所；萨拉·舍丁格，华盛顿特区海洋研究与教育协会；乌维森德，德国基尔大学。他们的发言为随后的、富有成果的非公开会议讨论奠定了基础。

还要感谢为本报告提供重要讨论材料的人士：安娜·博伊特，艾伦·查夫，劳伦斯·克拉克，汤米·迪基，威廉·弗恩斯，金·富尔顿·班尼特，布鲁斯·豪，卡罗琳·基恩，安德鲁·马菲，凯瑟琳·帕特森，南希·彭罗斯，艾米琳·罗玛娜，托德·沃尔什。

根据美国国家研究委员会报告审查委员会批准的程序，本报告的草稿已由具有不同观点和技术专长人士审查，该项独立审查的目的是提供客观和批评性的意见，以协助本机构发表的报告尽可能完善，并确保报告符合机构的客观性、论据标准，并对研究费用作出合理安排。评审意见和稿件草稿保密，以保护审议过程的完整性。此外，感谢玛格丽特·E. 谢尔提供的文案编辑帮助。

我们感谢下列人士参与审查本报告：

玛丽·阿尔塔洛，马里兰州波托马克科学应用国际公司

尼尔·贝加诺，新泽西州伊顿镇泰科电信公司

菲利普·巴格顿，俄勒冈州波特兰缅因州海湾海洋观测系统

威廉·博科特，马里兰大学环境科学中心（位于坎布里奇）

哈里·考克斯，弗吉尼亚州福尔斯丘奇奥林肯公司

柯克·埃文斯，弗吉尼亚州麦克莱恩科学应用国际公司

格伦·R. 弗莱尔，麻省理工学院（位于坎布里奇）

马克·约翰逊，得克萨斯休斯敦英国石油公司（BP）深水生产部

大卫·马丁，西雅图华盛顿大学

玛丽·简·佩里，缅因州大学沃波尔分校

杰克·赛佩斯，新泽西州霍姆德尔塞佩斯联合公司

弗雷德·N. 斯皮斯，加州大学圣迭戈分校

莎朗·沃克，密西西比州比洛克西斯科特海洋教育中心及水族馆

尽管上述审查人员提出了许多建设性意见和建议，但他们没有被要求认可报告的结论或建议，也没有在报告发表前看到报告的最终草案。本报告的审查工作由地球与生命研究部任命的得克萨斯农工大学学院名誉教授约翰·E. 弗利普斯主持，他负责确保按照制度程序对本报告进行独立审查，并确保所有审查意见得到了认真考虑。本报告的最终内容完全由编写委员会和美国国家研究委员会全权负责。

图 版

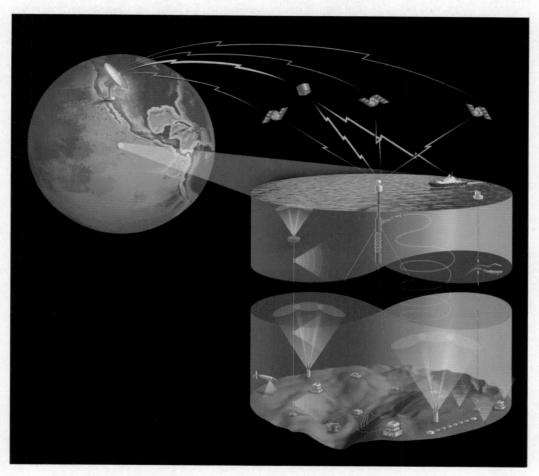

图 1　海洋观测计划的一个组成部分是一个全球网络，由 15~20 个通过卫星与海岸相连的系泊浮标组成，这些浮标能够对海气通量、水体的物理、生物和化学特性以及海底的地球物理活动进行观测。本图由斯克里普斯海洋研究所的约翰·奥克特提供

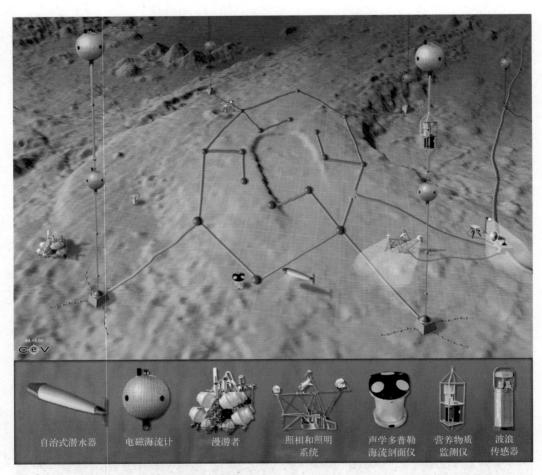

|自治式潜水器|电磁海流计|漫游者|照相和照明系统|声学多普勒海流剖面仪|营养物质监测仪|波浪传感器|

图2 一个位于海底活火山上的有缆观测站的学术概念。可用各种各样的系统，包括系泊船、水下航行器、海底爬行车、照相机、海流剖面仪，以及物理、化学和生物传感器，用来对火山、热液和生物活动进行现场测量。这些数据实时通过遥测系统传送给岸上实验室的科学家。由华盛顿大学环境可视化中心制作，并由东北太平洋时间序列海底网络实验项目提供（www. neptune. washington. edu）

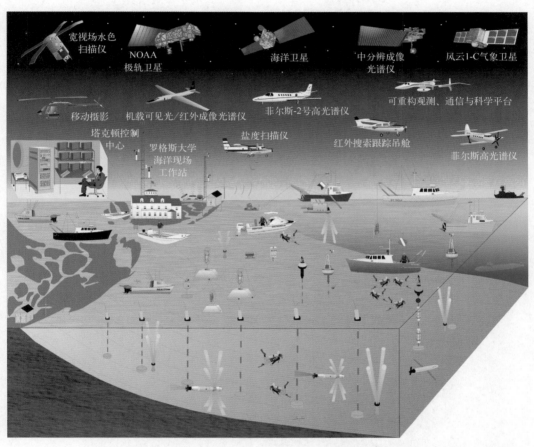

图3　展示了一个多组件的沿海海洋观测网的概念图。该观测网络包括水面和水下系泊设施、海底电缆节点、海岸雷达、船只、飞机和卫星。本图由罗格斯大学的奥斯卡·斯科菲尔德提供

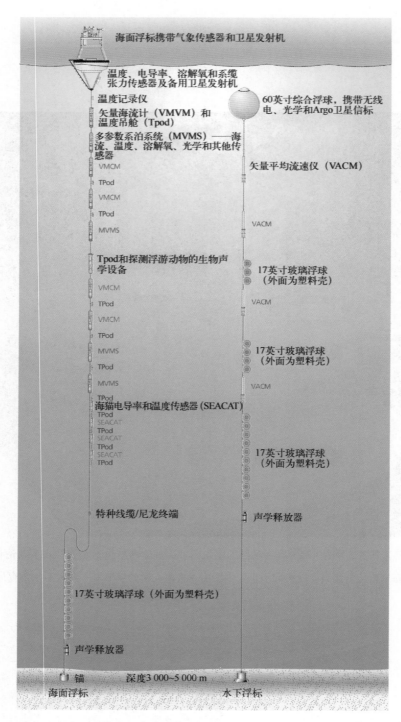

图 4　目前在许多热带和中纬度地区作业的常规表层(左)和次表层(右)部署了系泊系统，其目的是测量气象、海-气和上层海洋特性。本图由伍兹霍尔海洋研究所的杰恩·杜塞特提供

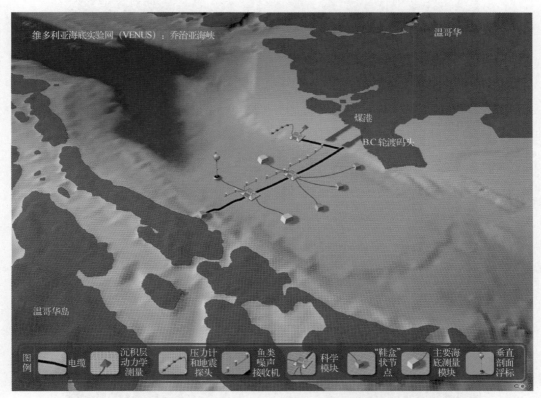

图 5　加拿大英属哥伦比亚省乔治亚海峡沿岸海底观测网络示意图。该观测网络是维多利亚海底实验网试验台的一部分。本图由华盛顿大学环境可视化中心制作，并由东北太平洋时间序列海底网络实验项目提供

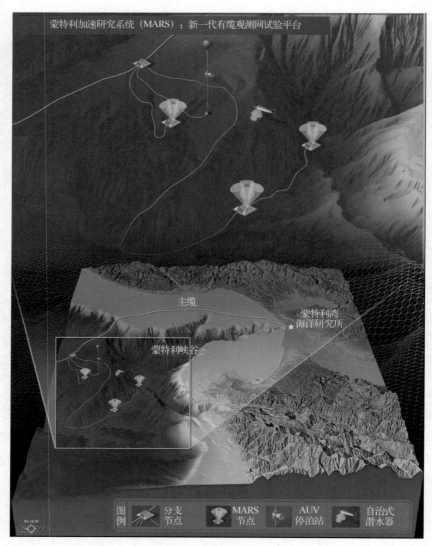

图 6　蒙特利加速研究系统试验台示意图。这是一个海底观测网络，它将延伸到加利福尼亚蒙特利附近的深水区。本图由华盛顿大学环境可视化中心制作，并由东北太平洋时间序列海底网络实验项目提供（www. neptune. washington. edu）

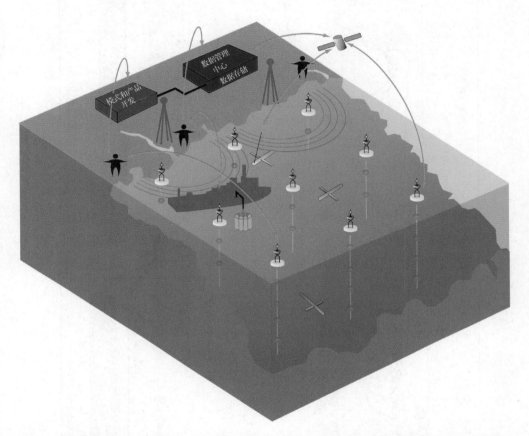

图 7 先锋阵列概念图，包括可重新部署的系泊设施、海岸雷达、船只和卫星，用于在 100 ~ 300 km 的聚焦区域内收集高分辨率的天气尺度测量数据，还包括一个基于陆地的数据管理中心，以及一个建模和项目开发中心。本图由斯基德威海洋研究所的理查德·扬克提供

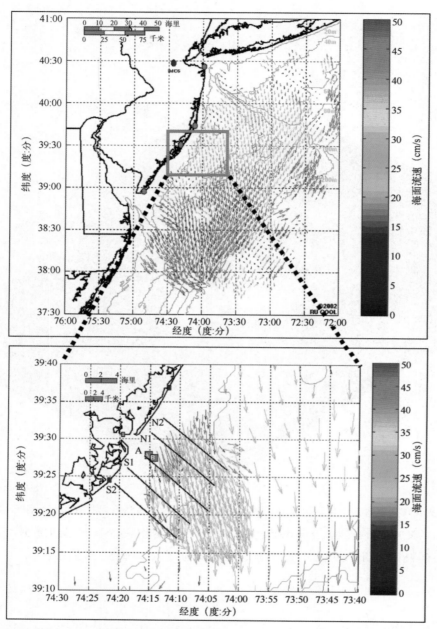

图8　用高频雷达阵列测量表面海流的潜在嵌套图的示例。上图：新泽西海岸标准远程高频雷达的轨迹，具有 6 km 的空间分辨率，建议作为综合及持续海洋观测系统观测主干网的一部分。下图：高分辨率高频雷达系统，具有 1.5 km 的空间分辨率。鉴于许多沿海过程的空间尺度为 1~2 km，有人提出在综合及持续海洋观测系统国家阵中嵌套高分辨率高频雷达单元的多静态阵，这一建议具有很高的科学价值。本图由罗格斯大学的奥斯卡·斯科菲尔德提供